日本高齡社會研究權威・銀髮商務第一把交椅
村田裕之 著
黃雅慧 譯

掌握中高齡族群心理　洞察銀髮市場新趨勢

# 超高齡社會的消費行為學

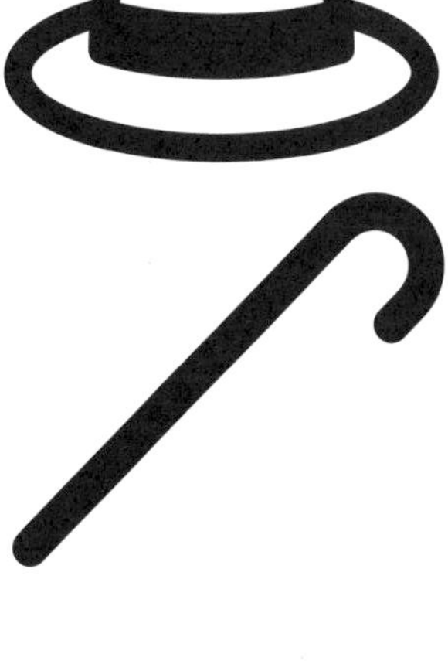

經營管理125

# 超高齡社會的消費行為學

## 掌握中高齡族群心理，洞察銀髮市場新趨勢

作　　者　村田裕之
譯　　者　黃雅慧
封面設計　Atelier Design Ours
排　　版　菩薩蠻數位文化有限公司
責任編輯　林昀彤
行銷業務　劉順眾、顏宏紋、李君宜

總 編 輯　林博華
發 行 人　凃玉雲
出　　版　經濟新潮社
104台北市民生東路二段141號5樓
電話：(02)2500-7696　傳真：(02)2500-1955
經濟新潮社部落格：http://ecocite.pixnet.net
發　　行　英屬蓋曼群島商家庭傳媒股份有限公司城邦分公司
台北市中山區民生東路二段141號2樓
客服服務專線：02-25007718；25007719
24小時傳真專線：02-25001990；25001991
服務時間：週一至週五上午09:30-12:00；下午13:30-17:00
劃撥帳號：19863813；戶名：書虫股份有限公司
讀者服務信箱：service@readingclub.com.tw

香港發行所　城邦（香港）出版集團有限公司
香港灣仔駱克道193號東超商業中心1樓
電話：852-2508 6231　傳真：852-2578 9337
E-mail: hkcite@biznetvigator.com

馬新發行所　城邦（馬新）出版集團 Cite (M) Sdn Bhd
41, Jalan Radin Anum, Bandar Baru Sri Petaling,
57000 Kuala Lumpur, Malaysia.
電話：(603) 90578822　傳真：(603) 90576622
E-mail: cite@cite.com.my
印　　刷　宏玖國際有限公司
初版一刷　2015年07月16日

城邦讀書花園
www.cite.com.tw

ISBN：978-986-6031-71-7


售價：360元
Printed in Taiwan

# 專業推薦

## 迎接超高齡台灣，邁向回甘人生

別蓮蒂　國立政治大學企業管理學系特聘教授
兼龍吟研論兩岸華人研究執行總監

台灣預估在二〇二五年將步入超高齡社會，是全球「老得最快」的地區，經建會估計到二〇三三年老化指數將高達二五一．三%，會成為全球最「老」的地區。

台灣即將接棒退休的後嬰兒潮世代與X世代，已經從傳統退休後的「照顧家庭」單一生活重心，轉變為「實現自我」與「貢獻社會」雙主軸生活模式，他們期許在未來的二十～三十年，再造人生新價值，如同好茶在苦澀後的回甘餘韻，邁向「回甘人生」。

政府、企業、每一個人都應準備好，面對一個需求大不同的高齡台灣社會。

# 銀髮商機如細水日精月進，永續長流不息

蔡昕伶　銀享全球執行長

台灣預計在二〇二五年進入超高齡社會（也就是五個人之中有一位是六十五歲以上），且人口老化速度為全球最快的國家之一。因應此人口結構改變帶來的社會經濟影響，政府規畫的「長期照顧服務法」（長服法）於日前三讀通過，同時，估計經費總額至少一千億的「長照保險法」也期待在二〇一七年和長服法同步上路。隨著重要政策的推動，越來越多的台灣團體開始研究此新興商機並摸索開發「銀髮商務」的具體方案。

相較於台灣，日本於二〇〇〇年推動介護保險，並於二〇〇五年轉型為超高齡社會。此書作者系統性地彙整日本銀髮產業發展的經驗，以實例完整說明銀髮需求探索及行銷推廣的實用工具，幫助讀者釐清真實及想像中銀髮商務的運作模式，達到降低銀髮商務研發成本的實效。

書中提到，在銀髮服務的領域裡，對於長輩們的大至生理、健康乃至於細微的心理、情緒，都應該有更細膩的觀察與了解。許多提醒，如「銀髮市場是一個多樣化微型市場的集合體」、「熟齡大明星不等於熟齡客層，需徹底了解目標世代成長時期的文化與社會樣貌」等，都是在定位市場時需考量的面向。

此外，對於銀髮族的需求調查，本書也針對現有的市場調查方式提出建議，更講明研究顧客最好的方式，就是在服務模式裡面架構出能直接跟消費者溝通的方法——客服。從銀享的經驗來看，雖然每位長輩對於科技的接受程度不一，但無論接受度高或接受度低的長輩，都有可能遇到無法自行解決的使用狀況，故電話客服的確是能建立起現有科技與長輩需求的方法。而除了解決顧客技術性問題的電話客戶服務，本書也在提到針對銀髮族的行銷溝通時，特別提及電話客服的重要角色：「不是推銷產品，而是仔細聆聽顧客需求後，用顧客聽得懂的語言，幫助／提醒顧客如何解決生活需求。」

銀髮商機或許不是像年輕人瘋科技產品或偶像團體那樣高調地曝曬在我們熟知的閱聽媒體上，但就像生命的步伐在我們進入銀髮生活後，所開展的每一步都會更加謹慎一樣，銀髮商機的細水在不斷地循環與新的刺激下，將會持續長流直到匯聚成一片汪洋。

推薦此書給對銀髮商機好奇並想參透銀髮商務運作模式的讀者，此書豐富的內容與佐證將帶給你新的思維及具體實用的工具。

# 目次 Contents

## Chapter 3

## 如何開創銀髮商務？

## Chapter 6
## 如何掌握銀髮族的消費心理，開發出暢銷商品？



## Chapter 7
## 如何建立接觸銀髮客層的管道？

前言 Foreword

# 獻給不知如何開拓銀髮商務的讀者

首先，我要在此向本書讀者致上十二萬分的謝意。我想對本書有興趣的讀者應該都抱持如下煩惱，也都千方百計地搜尋各種銀髮商務的相關資訊。

一、有意進軍目前正夯的銀髮市場開拓商機，卻缺乏具體方案，停留在搜尋資料的階段。

二、公司要求開拓銀髮商務，卻不知從何著手，仍在蒐集資料的階段。

**三、目前規畫的銀髮事業仍在測試階段，高層也尚未通過任何一個方案。**

**四、銀髮事業的進展不如預期而陷入苦戰，正在苦思得以打破僵局的線索。**

對於有以上煩惱的個人和企業，本書將會「系統性」的彙整重點，並提供讀者實務上能夠立即運用的商務祕訣。事實上，「系統性」三字即關鍵所在，因為目前市面上並沒有針對銀髮商務、進行系統性整理與分析的專書。而這也是促使我下筆撰寫本書的動機。

本書根據我過去十五年來為許多企業進行諮詢或提供經營上的建議，並融入本人親自參戰的辛苦經驗談。換言之，本書的架構與內容絕非紙上談兵，而是真實反映出與各位讀者抱持相同煩惱、每天在銀髮產業現場苦戰的人，究竟有何看法與想法。

因此，我相信各位讀完本書後，對於解決工作上的困惑，或是克服眼前面臨的事業障礙，一定有所助益。

## 銀髮商務不只造福中高齡人士，也能創造年輕人的就業機會

現在，請容我先說明撰寫本書的另一個理由。我認為只要多開創一個健全的銀髮商務，便能有助於消除中高齡人士日常生活的不安，讓他們重拾生命意義，進而刺激消費意願，最後提升企業的業績，增加年輕人的聘僱機會。換言之，銀髮商務除了服務中高年的客層以外，年輕人也能因此受惠。而我之所以鼓吹這個理論的理由如下。

根據二〇一二年日本總務省的「家庭收支調查報告」與厚生勞動省的「國民生活基礎調查」所示，日本六十歲以上國民所持有的金融資產淨值（指儲蓄扣除負債後的金額）共四八二兆日圓。假設將其中的三成，也就是一四四・六兆日圓用於消費性支出，即等於將日本政府二〇一三年度的一般會計總額九二・六兆日圓的一・六倍，回饋給實體經濟。由此可知，這是相當龐大的潛在消費能力。

然而，對於未來惶恐不安的銀髮族來說，在現實生活中，遑論金融資產淨額的三成，他們連拿出一成來消費都要考慮再三。因此，為了讓銀髮族的潛在消費能力浮出檯面，「企業

活動的銀髮趨勢」便極其重要。

所謂的「企業活動的銀髮趨勢」（senior shift，シニアシフト），是指企業鎖定的目標客層從原本的年輕族群，轉移為以高齡者為中心，並據此改變商品開發、銷售、業務、行銷或店鋪經營等經營策略，同時也大幅調整組織體制，以利策略順利執行。詳細內容請參閱拙作《無所不在的銀髮商機》（中文版由先覺出版）。該書的主要重點就是鼓勵企業認真看待熟齡客層，傾全力投入銀髮市場。

關於上述部分，本書之後會詳加說明。對於現今奢侈成性、經濟成熟的社會而言，大多數的銀髮族都有「三不困擾」（不安、不滿與不便）尚待解決。然而，過去習慣以年輕族群為主要客層的企業，卻大多忽略了銀髮族的「三不」。

事實上，只要有更多企業願意共襄盛舉，全心投入「企業活動的銀髮趨勢」，市面上就會出現附加價值更高的商品或服務，以解決銀髮族的三不困擾。只要企業提供的商品或服務能真正有效地解決這些三不困擾，原本不敢花錢的銀髮族勢必願意掏錢消費。當銀髮族的消費提高，就能提升企業的業績，待業績蒸蒸日上，老闆就會願意為員工加薪，甚至雇用更多年輕人。

如上所述，若能解決銀髮族日常生活的不安，並帶動消費的話，可望增加年輕人的工作機會。因此，我們的社會需要更多、更優質的企業來開拓銀髮事業版圖。

基於以上理由，原文書便以「教科書」為名，同時根據我過去十五年來推動銀髮商務的經驗，將個人心得公諸於世以饗同好。我衷心期待各位讀者能參考本書的內容，讓健全的銀髮產業，如雨後春筍般崛起。

此外，本書並未談及以醫療或照護保險為主要收入的產業，因為這些產業的商業模式幾乎底定，坊間不乏其他書籍可供參考，因此本書不再另闢篇幅討論。但話雖如此，本書的宗旨與部分內容仍涉及老人照護相關產業，敬請期待。

村田裕之

Chapter

1

# 銀髮族消費行為完全解密

中高齡世代決定消費的關鍵不是「年齡」，而是「變化」

關於銀髮商務方面，企業界最常問我的問題不外乎「銀髮族的消費行為有哪些特徵？」「今後銀髮族的消費行為將如何變化？」然而對於銀髮族的消費行為，不少企業還是抱持過去既定的刻板印象，總以為「銀髮族精力充沛又多金，有的是時間，而且消費人數眾多」。因此，本章將先破除這種偏見，以及其他似是而非的「謠傳」，幫助各位讀者建立正確的認知與觀念。

## 1 一般大眾對於銀髮族的迷思

日本人口在二〇〇八年達到顛峰後便逐年減少，據說今後將一路下滑。而到了二〇一三年十月，六十五歲以上的高齡人口為三一八九萬八〇〇〇人，高齡化比例超過二五・一％。

**圖 1-1** 各世代戶長的金融資產淨值（儲蓄扣除負債後的金額）

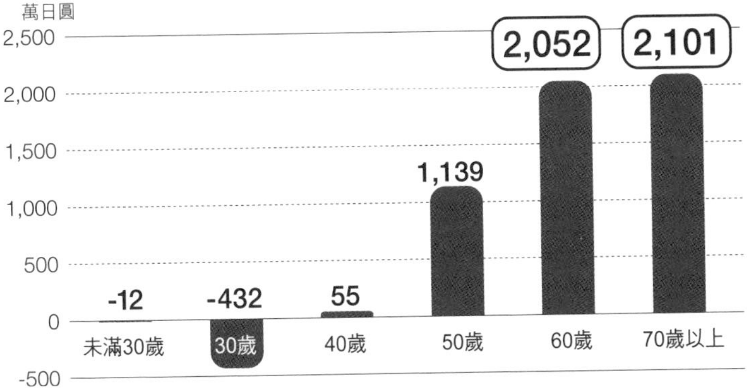


資料來源：日本總務省統計局2012年「家庭收支調查報告」（2013年2月19日發行），村田事務所製表


**圖 1-2** 各世代戶長的住宅持有率

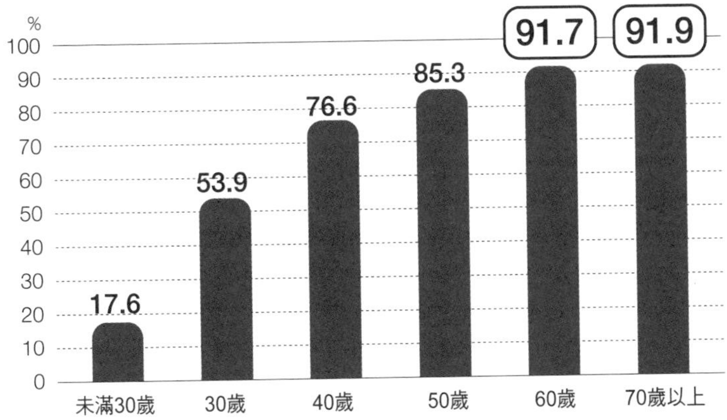


資料來源：日本總務省統計局2012年「家庭收支調查報告」（2013年2月19日發行），村田事務所製表

事實上，若依日本各地分別觀察的話，雖然不少地方的高齡人口都有減少的趨勢，但日本整體的高齡人口數，直至二〇四〇年前都將持續增加。也就是說，未來總人口雖會遞減，但高齡化的比例卻將持續上升。根據預測，二〇六〇年的高齡化比例將高達三九・九%。

根據日本總務省（相當於我國內政部）統計局二〇一二年的「家庭收支調查報告」顯示，日本每戶家庭所持有的資產中，七十歲以上高齡者的金融資產淨值最多，平均為二一〇一萬日圓（參閱上頁圖1－1）。其次為六十至六十九歲的二〇五二萬日圓，第三名為五十至五十九歲的一一三九萬日圓，第四名的四十歲至四十九歲卻降至兩位數，為五五萬日圓。三十九歲以下為負數，即負債高於儲蓄。此外，從各世代戶長的住宅持有率（參閱上頁圖1－2）也可看出六十歲與七十歲世代的住宅持有率遠高於其他年齡層，直逼九二%。

由此可見，日本銀髮族的資產平均來說比其他年齡層多，因此才會出現下列迷思。

**圖 1-3 各世代戶長的年度所得**

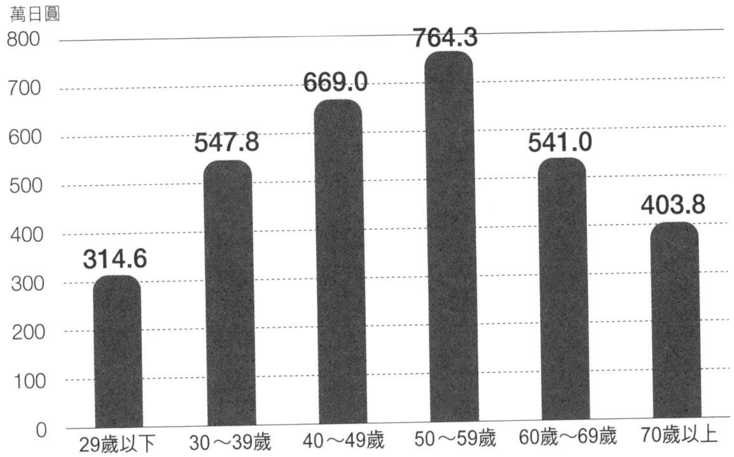


※不含福島縣

資料來源：日本厚生勞動省2012年「國民生活基礎調查」，村田事務所製表



然而，根據日本厚生勞動省（相當於我國衛福部）於二〇一二年發表的「國民生活基礎調查」顯示，就各世代戶長的年度所得（參閱圖1−3）來看，以五十至五十九歲居冠，為七六四・三萬日圓。其次為四十至四十九歲的六六九萬日圓，之後依序為三十至三十九歲的五四七・八萬日圓、六十至六十九歲的五四一萬日圓，以及排名第五、七十歲以上的四〇三・八萬日圓。

資產最豐厚的六、七十歲世

代，所得卻落居四、五名。主要是因為六十與七十幾歲的戶長大多已經退休，收入來源以年金為主。

如上所述，日本銀髮族的資產特徵為「資產豐厚，手頭緊縮」，也就是英文的「assets rich, cash poor」。

一般而言，銀髮族對未來比較悲觀，因此容易產生所謂的三大不安（健康不安、經濟不安與孤獨不安）。

因此，銀髮族習慣存錢以備不時之需，而且大多習慣節儉過日，非不得已絕不做額外開銷，此部分會在之後的章節詳加說明。雖說銀髮族的消費模式實際上千變萬化，無法一以概之，但相較於其他年齡層，卻可以看成是一個普遍的傾向。

由此可見，「銀髮族比其他年齡層富有」的說法純屬迷思與以訛傳訛，真正的事實如下。

## 迷思—2 銀髮族多金，出手闊綽

銀髮族雖然收入不多，但相較於其他年齡層來說，資產相對豐厚，導致一般人普遍認為：「銀髮族這麼有錢，一定很捨得花錢。」「那些高級百貨都是靠他們在撐的吧。」但事實真是如此嗎？

根據先前的「家庭收支調查報告」推估，日本各世代戶長的每月「消費支出」，其中以五十歲世代的二九萬五三〇〇日圓與四十歲世代的二九萬四〇〇日圓分居一、二名，但六十歲、七十歲世代卻亦趨減少。由此可見，就每月消費傾向而言，與圖1-3的各世代戶長「年度所得」幾乎一致。而每月「消費支出」的數值是一年的消費金額除以十二個月；但嚴格說來，每個月的消費項目應會有所差異。此外，開銷本身除了飲食、租金等每月固定的「日常開銷」，也包含一年只支出幾次的旅行、婚喪喜慶等「非日常開銷」。然而，一個月的「消費支出」大部分都是「日常開銷」。除此之外，六十歲以上戶長的收入大半來自年金，而日本年金是隔月發放，每個月的金額幾乎一致。

基於以上理由，各世代戶長的每月消費支出幾乎與每月所得成正比。換言之，即使資產豐厚，卻不保證一定會用在日常開銷。

## 事實—2 銀髮族平時的消費多寡與資產無關，而是與所得成正比

## 迷思—3 所有銀髮族的消費模式都一模一樣

日本電影院的銀髮優惠價大多限定六十歲以上的顧客。另一方面，各大超市的敬老優惠卻以五十五歲以上居多。日本永旺（AEON）集團所推出的G・G（祖父母世代，Grand Generation）優惠同樣鎖定五十五歲以上的客層。然而，美國高齡者非營利組織AARP（原全美退休人員協會）的入會資格則為五十歲以上。JR東日本鐵路的成人假日俱樂部「Zipangu」

提供的優惠票券，則鎖定六十五歲以上的男性與六十歲以上的女性；將「中壯年」定義為五十歲以上的男女。類此針對中高齡者所提供的會員或優惠制度，大多以五十歲到六十五歲為分界點，將超過此年齡層的顧客當作主要客群。

然而，我們在觀察銀髮族的消費行為時，並不能以五十歲到六十五歲為分界點，將超過這個年齡的客層一視同仁。

人們每個月的開銷，雖會隨著年齡增長而減少，但就項目來看，卻有增、減與維持不變等三種不同之處（參閱下頁圖1－4）。

首先，開銷減少的項目為教育費與衣物鞋襪費。除此之外，雖然飲食或才藝娛樂的費用也減少，但就整體比例而言其實是增加。其次，開銷增加的項目為保健醫療費用，大多用於醫療、照護、養生保健方面。最後，開銷不變的是居住與水電費用。這是因為大多數人的房子若是住到了到了五十多歲，通常不會萌生換屋的念頭；不論家庭成員是否增減，都不會影

1 日文為ジパング，日本的舊稱。

圖 1-4 各世代戶長的每月消費支出

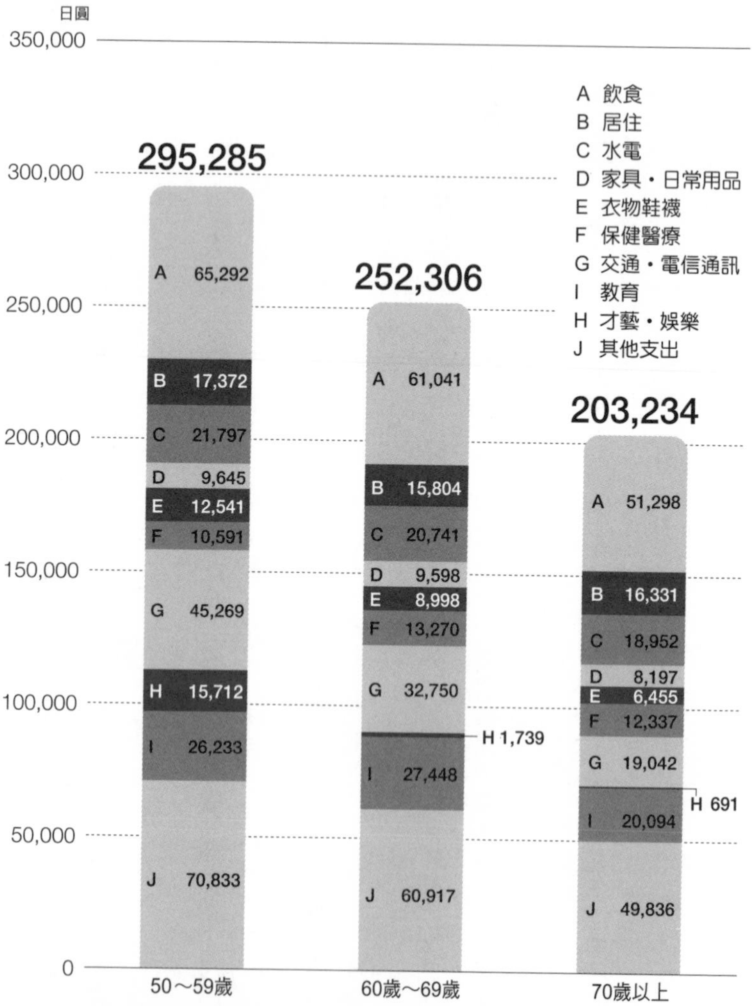


資料來源：日本總務省統計局2012年「家庭收支調查報告」（2013年2月19日發行），村田事務所製表

響這方面的花費。

如上所示，五十歲、六十歲與七十歲等三個世代的開銷方式大相逕庭。而對於這些不同之處，五十歲以上的人應該最能感同身受，但四十歲以下的人可能就很難理解了。至於二、三十歲的世代，則應該很難想像自己活到七十歲的模樣，而且也不願去想吧。

日本的物流或零售業習慣將「五十五歲以上」的客層視為銀髮族。這兩個產業長年累月以主婦為主要顧客，因而鎖定「十九歲到五十四歲」的客層，並將超過此年齡層的顧客都視為銀髮族。比方說，日本知名大型超市「大榮」（Daiei）在日本經濟高度成長時擴大營業，當時打出的口號就是「主婦們的大榮」。由此口號可以得知這個業界如何看待核心顧客。

然而，現在早已不是經濟高度成長時期。因此，我們如果持續籠統地將「五十五歲以上」的顧客都視為銀髮族的話，就極有可能誤判市場。

**圖 1-5 您覺得最近在健康或體型上有何變化？**

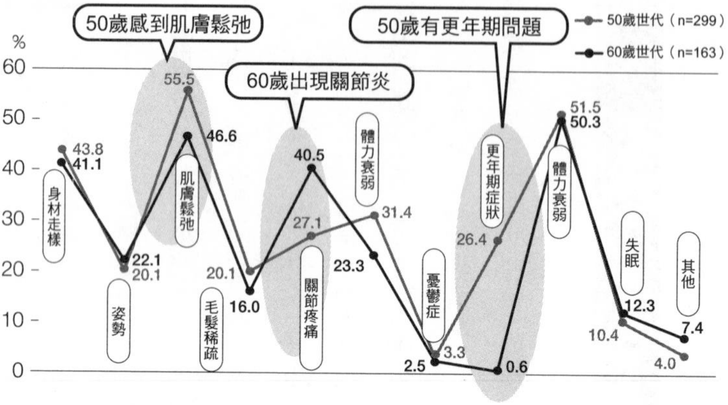


資料來源：居家生活HOW研究所2011年11月份問卷調查

## 迷思—4 銀髮族的消費模式，依「年齡」而定

企業在討論該如何搶攻銀髮市場時，一定會有人建議依年齡來做出市場區隔。然而，這種按年齡區分的方式，卻存在著值得關注的問題。人們之所以會購買一項物品或服務，是在某種狀態產生變化下所採取的行為，而且不一定是因為年齡上的變化。

### 「生理的增齡變化」會影響消費行為

我們的身體會隨著年齡增長而產生變化，一般人只要進入中高齡之後，生理機能就會逐漸老

圖 1-6 您在維持外貌或體型的固定開銷是多少？

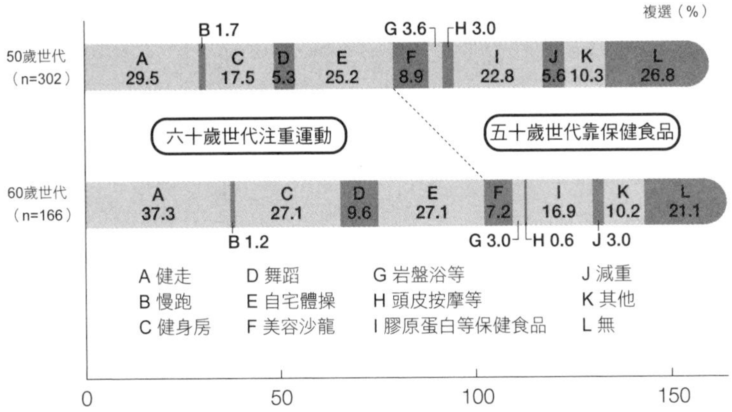


資料來源：居家生活HOW研究所2011年11月份問卷調查

化，衍生出老花眼、體力衰弱、肌膚鬆弛、身材走樣、更年期障礙、肩膀或膝蓋疼痛等毛病，醫藥或保健方面的開銷亦隨之增加。

同時，市面上也為了因應這些變化而推出各式各樣的商品或服務，如老花眼鏡、放大鏡、染髮劑、助聽器、散步鞋、運動衣、調整型內衣、各種保健食品（膠原蛋白、硫酸軟骨素、玻尿酸、鈣片等）、健身房等。

然而，這類商品或服務的需求程度卻因人而異。根據居家生活HOW研究所的調查顯示，五十歲與六十歲世代的女性在回答「您覺得最近在健康或體型上有何變化？」時，選擇「體力衰弱」的比例超過百分之五十（參閱圖1－5）。

除此之外，五十歲世代覺得變化較大的是肌膚鬆弛與更年期障礙，而六十歲世代則以關節疼痛居多。

另外，針對一個與此相關的問題「您在維持外貌或體型的固定開銷是多少？」五十歲世代明顯習慣補充保健食品，而六十歲世代則喜歡健走或上健身房鍛鍊身體（參閱上頁圖1－6）。五十歲與六十歲世代的因應方式不同，原因就出在時間充裕與否。五十歲世代大多忙於工作、家務、照顧子女等，而六十歲世代則多已退休、兒女獨立而多出許多個人時間，因此消費模式有所不同。

值得注意的是，這種消費行為的差異其實與年齡無關，而是在於身體變化的不同，以及稍後將會提及的「個人的人生階段性變化」。

## 「人生階段性變化」也會影響消費行為

「個人的人生階段性變化」也會影響消費行為。男性最大的改變首推退休。根據日本電通的調查，退休後最常做的具體活動是「夫婦共同出遊」（參閱圖1－7）。

## 圖 1-7 「退休」後所採取的實際行動

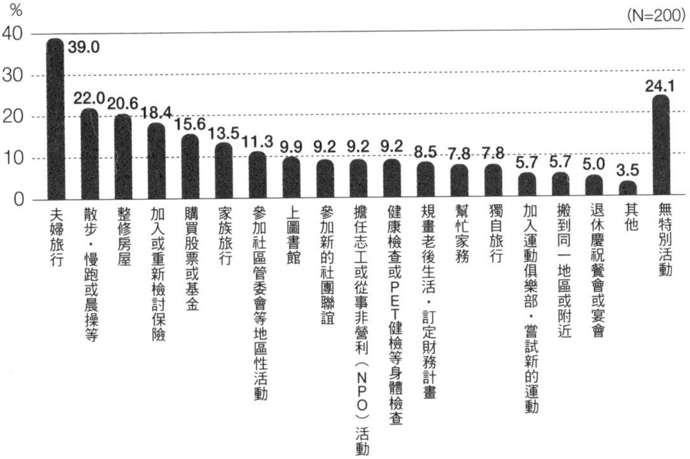


資料來源：日本電通綜合研究所〈退休真實生活調查——第一批團塊世代65歲之後的居家生活〉（2012年5月29日新聞稿）

## 圖 1-8 各世代戶長的每戶年度套裝旅遊行程費用

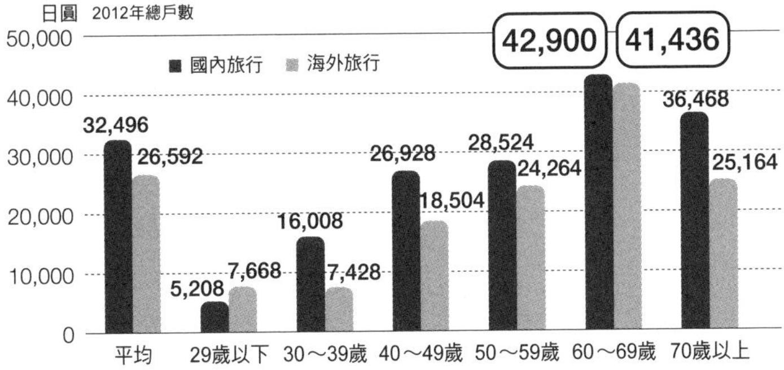


資料來源：日本總務省統計局「家庭收支消費狀況調查」（2113年2月）

其實這已是不爭的事實，有一半左右的人退休以後都會選擇出外旅行。根據二〇一二年套裝旅行費用的年度開銷顯示，旅遊費用還是由六十歲世代獨占鼇頭（參閱上頁圖1－8），不論是日本國內或海外旅行的比例都很高。七十歲世代竟然排在第二，有點令人跌破眼鏡。以旅遊而言，許多人會在退休後的半年內先旅行一趟以作為紀念，之後則是只要一有機會，就會出去走走。

其次，退休後最常見的改變依序是「散步・慢跑或晨操等」、「整修房屋」、「加入或重新檢討保險內容」、「購買股票或基金」。剛退休時，大家的消費重心都放在維持健康、規畫老後生活、發展自己的興趣或自我探索方面。而共通點是這些都屬於高價商品或服務。

上班族在退休後雖然少了薪資收入，但可以自由支配的時間卻大幅增加。因此對於可以打發時間的商品或服務會較感興趣。此外也因為沒有收入，退休人士也會選購安全又可以賺錢的投資型商品。

## 退休後開始節省大計

「換車」雖然沒有出現在圖1-7的選項當中，卻也非常重要；而最受退休人士歡迎的車款是小型車或油電混合車。

這些車款為什麼會受歡迎呢？答案是為了刪減（downsizing）消費規模；換言之就是降低日常生活開銷。當你退休後只能靠年金過活時，一定會能省則省。因此，不耗油的車才有銀髮商機。況且，銀髮族的子女多半都已獨立，所以沒有開大車的必要。這種刪減開支的狀況，在退休後三個月到半年以內最為明顯。

以上班族而言，多半會於六十～六十五歲退休，但也有不少人選擇在六十歲以前提早退休。即使法定退休年齡為六十五歲，但也有人可能因為公司營運或個人表現不佳而被迫提早退休。另一方面，有些人則是過了六十五歲仍會繼續工作。我認為後者的模式會是今後的趨勢。

無論如何，因為退休年齡無法一以概之，我們必須了解退休並無一定的年齡標準。我們也必須了解銀髮族的消費行為，除了受個人生活型態或年齡的變化影響以外，還與各自的狀況有關。

## 「家人的人生階段性變化」與消費行為

再者，「家人的人生階段性變化」也會影響消費行為。換言之，當家人進入了不同的人生階段時，也會影響當事人的消費行為。

例如，詢問五十歲與六十歲世代的女性「先生是否仍在工作？」回答「是」的五十歲世代女性高達七三・八％，六十歲世代女性只剩下十七・九％，有五五％回答丈夫沒有工作（參閱圖1–9）。

接著再詢問她們「考慮到未來的人生，您希望住在什麼樣的地方？」五十歲世代有一半以上回答「維持現狀就好」，而剩下不到四分之一的人選擇「與父母同住或就近照顧」、「搬到市中心」、「搬到度假景點或鄉下」等，但有二八・七％卻回答「尚無計畫」（參閱圖1–10）。換言之，這個數據顯示，對老後的規畫抱持著「期待與幻想」，以及「尚無具體計畫」的人各占一半。而五十歲世代的女性因為不清楚另一半今後會有什麼變化，因此對於未來的規畫無法十分肯定。此外，若有雙親需要照護時，不確定因素就更高了。

## 圖 1-9 「退休」後所採取的實際行動

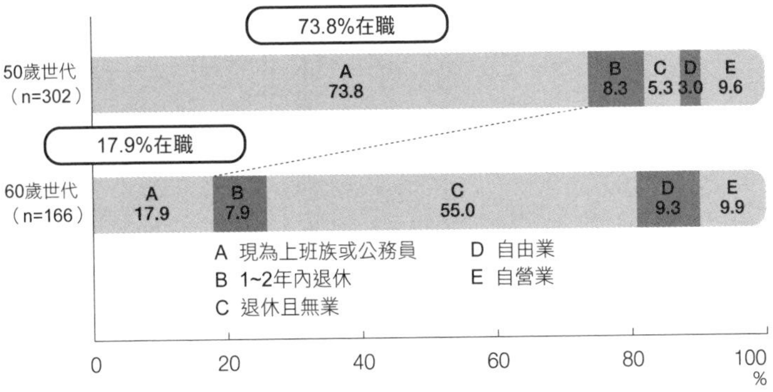


資料來源：居家生活HOW研究所2011年11月份問卷調查

## 圖 1-10 考慮到「未來的人生」，您希望住在什麼樣的地方？

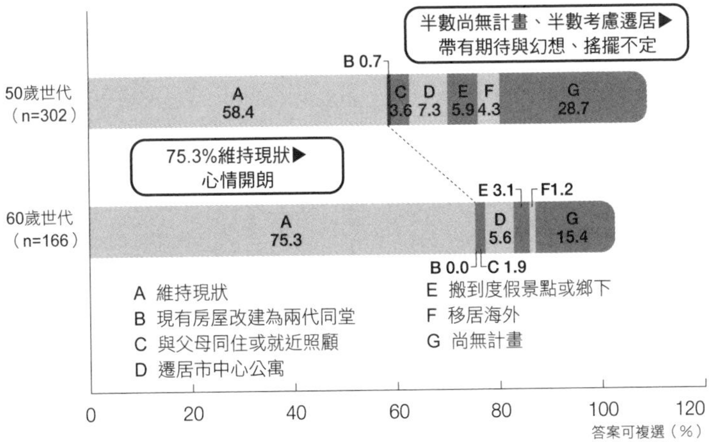


資料來源：居家生活HOW研究所2011年11月份問卷調查

然而，六十歲世代則有七五・三％回答「維持現況」。那是因為大部分受訪者的配偶皆已退休，對於年邁雙親的照顧也告一段落，因此比較容易想像未來的生活規畫。換句話說，六十歲世代的女性反而因為少了後顧之憂，更懂得及時行樂，也樂於撥出時間與金錢做自己喜歡的事或出門旅行。我將這種現象稱為「享樂型消費」。

## 丈夫退休後，妻子的時間反而變少了

接著再詢問同樣的調查對象：「您覺得屬於自己的時間比五年前多嗎？」回答「減少」的人之中，有十八・六％的女性配偶仍在職，但另一半已退休者卻飆升至三一・六％（參閱圖1－11）。換言之，這個數據顯示出，即使丈夫退休賦閒在家，也不代表妻子的私人時間必定隨之增加。

其中，針對「丈夫每週待在家裡的時間」這個問題，回答「幾乎每天在家」的有三八・五％，「不大出門，較常在家」的有二五％；兩者相加之後，表示有六三・五％的丈夫為「宅男型」（參閱圖1－12）。丈夫退休後待在家裡的時間增加，導致妻子得多花時間照顧另

## 圖 1-11 您覺得屬於自己的時間比五年前多嗎？

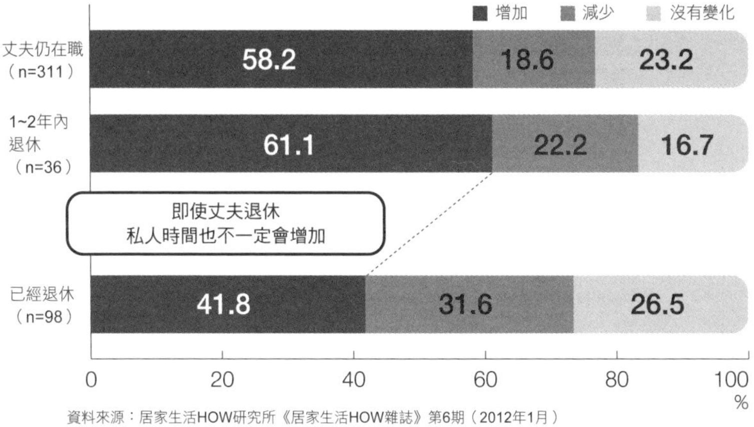


資料來源：居家生活HOW研究所《居家生活HOW雜誌》第6期（2012年1月）

## 圖 1-12 丈夫每週待在家裡的時間

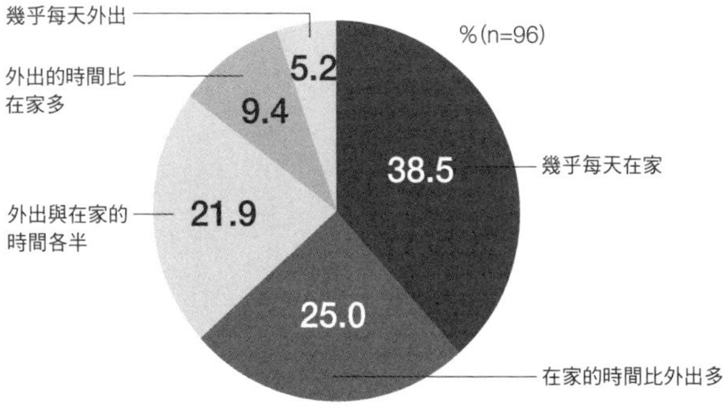


63.5%的丈夫是「宅男型」

▼

妻子需要花時間照顧丈夫

資料來源：居家生活HOW研究所《居家生活HOW雜誌》第6期（2012年1月）

圖 1-13 銀髮族的消費模式，取決於「變化」

一半，可以自由支配的時間反而變少了。

基於這些因素，聽說不少做太太的都會要求先生：「拜託自己解決午餐！」另一方面，為因應「宅男型丈夫」增加，提供「中食」（指在外食與內食之間的餐點）菜餚或便當等商品的市場明顯成長許多。

透過以上說明，我們可以得知銀髮族的消費模式並非依「年齡」而定，而是取決於銀髮族獨特的「變化」。其中影響比較大的是①身體隨著年齡增長所產生的變化、②個人生活型態的變化、③家人生活型態的變化、④世代獨特的嗜好與變化、⑤時代性的變化等「五大變化」（參閱圖1－13）。說明過①～③的部分之後，接下來我將為各位讀者介紹④與⑤。

雖然我提到了部分六十歲、七十歲世代會碰到的年齡問題，但並不代表年齡決定消費行為。只能說年屆六、七十的人比較容易產生變化，而那些變化便成為決定消費的關鍵。因此，所謂的消費行為只是一種表象，最重要的是要充分理解並看清表象之下如何變化，抓準時機提供優良的商品或服務。

## 事實—4 銀髮族的消費模式，取決於獨特的「變化」

## 迷思—5 銀髮族是人數眾多的大眾市場

銀髮族的消費行為和年輕族群相較之下，顯得相當多元與多樣化。團塊世代的人數遠高於其他世代，一種米養百樣人，不可能人人遵循同一種消費模式。

在物資不充裕的經濟高度成長期，大部分的人都希望能早日脫離戰後的貧窮生活，因此在同樣的收入水準之下，過著極其類似、甚至完全相同的生活。

當時的企業都將顧客視為一個「大的區塊」，採取「大量生產、大量運輸、大量銷售、大量消費」的模式。日本著名經濟學者堺屋太一自創的「團塊世代」即指「一大塊的世代」，堪稱那時的時代象徵。

然而，這個眾人一度朗朗上口的名詞，早已不適用於目前這個物質不虞匱乏的時代了。團塊世代（一九四七年到一九四九年出生的人）不僅人數眾多，現在也仍健在。不過，即使他們的人數比其他世代多出許多，也不代表他們的消費模式都一模一樣。

如我先前所述，團塊世代多樣化的消費行為，早已讓這個「團塊」四分五散，分成了許多不同的「小團體」。也就是說，團塊世代儼然已成團「壞」世代。

因此，我從十年前就一直主張銀髮族市場絕非一個大眾市場，而是一個「多樣化微型市場的集合體」。針對這類市場，很難進行大量行銷（mass marketing）。

不過，為了避免引起各位讀者誤解，請容我再補充一點：這並不代表大眾傳播媒體的威力完全消失，而是大眾傳播媒體的功效已與過去不同。因此提供商品的賣方必須徹底研究運用大眾傳播媒體的方式。企業無法再按照過去舊有的行銷模式；從今而後，即使在報紙大量刊登廣告，熟齡相關商品也未必會熱賣。

因此，對於想要進軍銀髮市場的你，關鍵不在於「年齡」，而是如何滿足顧客需求的「價值」。換言之，盡早發掘客戶所關心的價值，就能成功打入銀髮市場。

## 事實—5 銀髮市場重視顧客價值，乃是一個多樣化微型市場的集合體

## 迷思—6 銀髮市場是退休男性的天下

有不少企業主認為銀髮市場是退休男性顧客的天下。的確，正如先前所述，退休對男性

的生活型態會造成極大的改變，並從而發展出新的消費行為。但若因此而以為「銀髮市場＝退休男性的天下」，就會誤判市場。

各位讀者應該都在電視新聞、報章雜誌看過葫蘆型的人口變化表吧？圖1－14就是將該人口變化的男女數值，以群組直條圖呈現出來的結果。縱軸代表人數（左側為男性，右側為女性），橫軸代表年齡。該表六十歲以上的世代中，最為突出的就是團塊世代。

請大家務必注意比團塊世代年長的年齡層。在男性與女性相接的軸線中，更為突出的其實是女性。換言之，比團塊世代年長的族群中，女性是壓倒性的多數。由此可知，銀髮市場其實是「女性主導的市場」。

大體而言，七十歲世代的男女比例為一比二，八十歲世代則為一比三。實際造訪安養機構之後，你就會發現若是剛開幕不久的話，男女住戶的比例約為四比六；開幕超過五年的則會變成二比八左右。因此，未來入住安養機構的男性將會處於萬紅叢中一點綠的情況。只不過，當今女性的眼光很高，並不是每片綠葉都會受到青睞。因此男性年紀越大，就越要維持體態，讓自己展現成熟魅力。

## 圖1-14 日本人口結構變化（2013年）

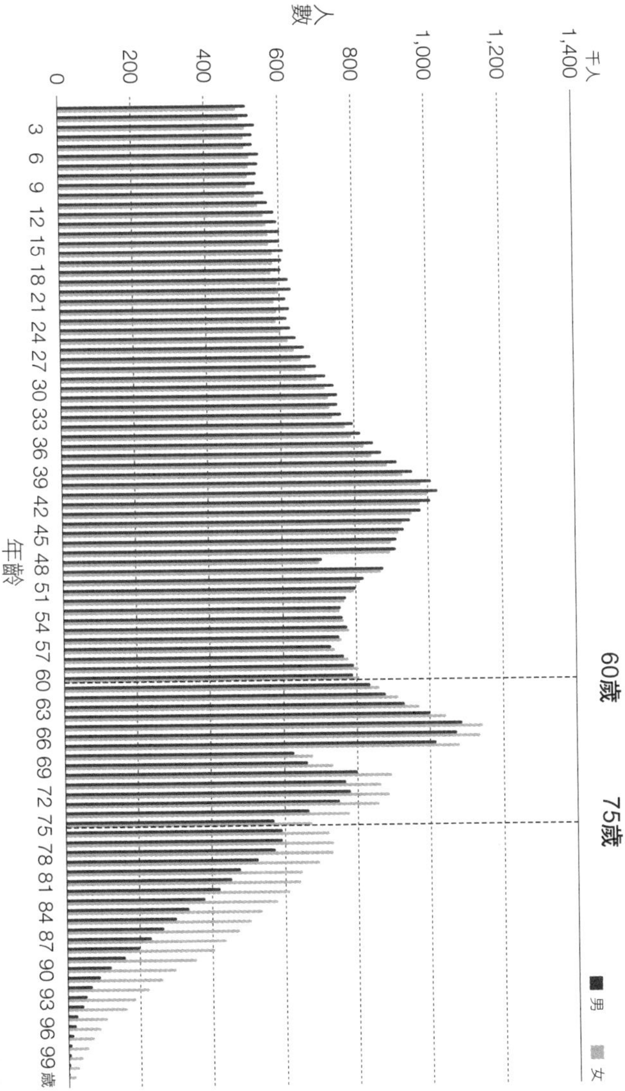


資料來源：日本國立社會保障與人口問題研究所2012年1月預估，村田事務所製表

然而，即使銀髮市場是由女性所主導的市場，我們也不能棄男性客層於不顧。我只是希望大家能認知到女性客層占多數的事實，若能多從女性的角度來思考，將更有利於銀髮事業的發展。

今後銀髮族男性的消費行為，將因女性的消費行為而產生結構性的變化。這種傾向在男性退休後會更加明顯。比方說，男性在退休後必須找到自己的立足點，而推他們一把的大多是包含太太在內的女性。

## 事實—6 銀髮市場是「女性主導的市場」

# 2 銀髮族獨特的嗜好與消費行為

## 熟齡大明星≠熟齡客層

日本為數眾多的團塊世代在二〇一四年時，年齡已屆六十五歲以上，亦即跨入高齡者的領域。世人都以為「團塊世代比上個世代的老年人年輕，活動力旺盛，消費行為也不一樣」。的確，像小田和正（一九四七年九月二十日出生）、井上陽水（一九四八年八月三十日出生）、矢澤永吉（一九四九年九月十四日出生）、松崎茂（一九四九年十一月十九月出生）這樣的日本知名歌手或演員，外表看起來完全沒有一般老年人的樣子。

然而，這些公眾人物不顯老態的背後，其實費盡千辛萬苦，因此我們應該將他們視為團塊世代的「特例」；若是以他們為標準，認定「團塊世代當是如此」的話，肯定會誤判了市場情勢。

## 徹底了解目標世代成長時期的文化與社會樣貌

為了了解不同世代獨特的嗜好與消費行為之間的關係，就必須理解「世代成長經驗」會對消費行為帶來何種影響。所謂的「世代成長經驗」，指的是某個特定世代從童年到二十歲左右、共同擁有的文化經驗。這種經驗包羅萬象，涵蓋飲食生活、文學、音樂、電影、漫畫、電視節目、時尚、運動等。

如果能事先知道以下各個世代長到二十歲以前的文化背景或社會樣貌，必定有助於理解他們的消費行為。

■ 團塊世代（一九四七年一月一日～一九四九年十二月三十一日出生，二〇一四年約為六十四歲～六十七歲者）：校園民歌（college folk hits）、披頭四（Beatles）、流行樂團、VAN服飾、牛仔褲、迷你裙等美國文化。

■轟炸世代（一九三五年一月一日～一九四六年十二月三十一日出生，二〇一四年約為六十七歲～七十九歲者）：下鄉疏散、電影《螢火蟲之墓》[2]、黑市、國民義務教育、墨塗教科書事件[3]、同盟國軍事占領日本[4]、戰後混亂期、電影《青色山脈》[5]。

■昭和前期世代（一九二六年十二月二十五日～一九三四年十二月三十一日出生，二

---

2 《螢火蟲之墓》為日本小說家野坂昭如以二次大戰為舞台寫成的一本半自傳小說。一九八八年由吉卜力工作室改編成動畫。

3 墨塗教科書事件：日本在二次大戰戰敗後，學生們將教科書中有關軍國主義或涉及戰爭的內容用黑墨塗抹消除。

4 日本二次大戰戰敗並無條件投降後，由美國為首的同盟國實施軍事占領的時期，也是日本史上第一次完全被外國人占領的時期。

5 日本於二次大戰戰敗後，推出了許多跳脫軍國主義的作品，《青色山脈》為其中最為膾炙人口的電影之一。

○一四年約為七十九歲～八十六歲者）：世界大戰、軍國主義、大饑荒、價值觀的轉換、流行歌〈蘋果之歌〉。

■ 大正世代（一九一二年七月三十日～一九二六年十二月二十五日出生，二〇一四年約為八十七歲～一百零一歲者）：大正浪漫時代、昭和摩登時代、日本歌謠、西服、西餐文化等。

這些世代在年歲增長以後，他們的經驗將成為影響消費行為的因素，以「懷舊型消費」、「時間解放型消費」或「愛用品型消費」等形態呈現。

以下就讓我為各位讀者做進一步說明。

## 四十歲世代的「懷舊型消費」

懷舊型消費指的是，懷念自己親身的經歷而衍生出來的消費型態。譬如說，復古版的CD、DVD或老片重拍（remake）之所以暢銷，就是受到懷舊風發酵的影響。日本電影

《ALWAYS 幸福的三丁目》改編自西岸良平的原著漫畫《三丁目的夕陽——黃昏之詩》，該漫畫以昭和三十年代為背景，描述興建中的東京鐵塔與上野車站、蒸汽火車C62、東京路面電車（東京都電車）、大發（Daihatsu）的三輪輕型貨車Midget等。電影因重現當時的東京街景，廣受團塊世代以下的日本人歡迎。

而位於東京淺草的「昭和歌謠Koshidaka劇場」雖已於二〇一四年一月底結束營業，但該劇場專門表演如《泡泡假期》等令人懷念的昭和歌謠秀，連日本大型遊覽公司鴿子巴士都將該處列為觀光景點之一，受到不少年長者的青睞。位於代官山的蔦屋書店（TSUTAYA）則提供六、七〇年代經典電影的DVD或復刻版CD，因此來店消費的顧客年齡層明顯較大。

懷舊型消費大多出現在一個世代所經歷的體驗超過二十年以上的時候。換言之，這是一種年過四十以後才容易出現的消費型態。

## 五十歲世代的「時間解放型消費」

所謂的「時間解放型消費」，是指因養兒育女告一段落、轉調、退休等契機，而可以自由運用時間的一種消費型態。此類型可分為兩種人：一是藉著重新體驗過去做過的事以找回自我的「重拾自我型消費者」；二是過去因時間或金錢之故而無法完成夢想，現在終於有機會得償所願的「圓夢型消費者」。

「重拾自我型消費者」的消費開銷大多集中在樂團、社交舞、繪畫、登山、攝影等學生時期或二十多歲所熱衷的愛好上。即使是平常勤儉慣了的人，也可能為了參加樂團演出，毫不手軟地花五十萬日圓買一把吉他。真正熱愛登山的人則會不惜一次砸下數十萬日圓，只為添購登山鞋等專業級登山設備或用品。

「圓夢型消費者」則會因人而異，這類人的興趣包括：高級音響（如高級LP傳統唱盤機、真空管擴音機、大型喇叭等）、演奏樂器、跑車、遙控汽車、模型、潛水或環遊世界等。近來掀起了一股傳統唱盤的復古風潮，特別吸引那些學生時代熱愛老式黑膠唱盤或音響等高級品、卻買不起的人。

環顧企業所提供的商品或服務中，山葉的成人音樂教室就因鎖定「圓夢型消費者」，而廣受市場支持與歡迎。此外，豐田汽車推出的TOYOTA 86車款，對於年輕時嚮往跑車、卻只敢遠看而不敢褻玩焉的人來說，也是一個得以圓夢的機會。

因此，「時間解放型消費」大多會出現在經濟、時間都較為充裕的五十歲世代以上的客群。

## 轟炸世代的「愛用品型消費」

對於自己的愛用品始終如一、不輕易改變的消費者大多經歷過戰爭的洗禮。位於東京JR大森車站附近的大新百貨公司（Daishin）販售目前仍持續生產的「老」商品，如柳屋髮蠟、丹頂髮油等男性藥妝，以及茅廁紙、蹲式馬桶蓋、黏蚊紙、雙槽式洗衣機等商品，廣受常客好評。而這些商品大部分都因為銷路不好而少有店家願意進貨。

然而，這種其他店家沒有進貨的商品，卻迎合了愛用老牌子的銀髮族，而能維持固定客源，增加顧客回流率。隨著時代日新月異，「提供古早味商品」反而能有別於競爭對手，做出市場區隔。

轟炸世代的人嘗過戰爭的慘烈與苦痛，很清楚物資匱乏與窮困的滋味，因此多半節儉成性，不容易改變愛好，也無法輕易接受新商品。

## 不知變通只會弄巧成拙

事實上，各個世代各有不同的嗜好，世代效應（cohort effect，又名同輩效應）並非唯一的原因；個人的童年或家庭環境也有極大的影響。因此，即使目標顧客是團塊世代，也無法保證只要與校園民歌或披頭四扯上關係的商品，就能大賣特賣。過去日本關西地區某家百貨公司曾設有專屬團塊世代的服飾區，賣場內擺滿了披頭四的紅色唱盤（指紅膠唱片，亦即四十五轉甜甜圈老式唱片），但是與販售的服飾風格完全格格不入。老實說，客人一走進去就會有一種「這什麼跟什麼啊？」的感覺。

此外，日本曾有出版社模仿七〇年代紅極一時的雜誌《平凡Punch》，推出了《團塊Punch》，同樣也想鎖定團塊世代的懷舊型消費者，但撐不了多久就以停刊收場。

即使目標客層是團塊世代，而他們年輕時流行過牛仔褲或迷你裙，但這並不代表這些人年過六十之後還會一個勁兒地買牛仔褲或迷你裙。從事市場行銷的人，首要之務便是徹底了解各個世代的獨特嗜好。不過有一點頗值得各位注意，如果只是空有知識地進行世代行銷（generation marketing），只會淪為紙上談兵，絕對發揮不了任何作用。

3

# 時代性變化與銀髮族消費行為

「時代性象徵或特色」指的是一種風潮或流行。「時代性變化」對銀髮族的消費行為有極其重要的影響。變化的時間不一而足，短則從數月到數年不等，長則以十年為一個循環單位。此外，有些常見於男性、有些則偏向女性，亦有兩者兼具者。接下來，我將為各位整理近十年來的時代性變化與銀髮族消費行為的趨勢。

過去　退休後每天自在逍遙

現在　退休後仍兼職賺外快

在二〇〇〇年代中期，「迎接幸福的退休人生」是市井小民的夢想，大家都希望退休後無須汲汲營營，可以每天消遙度日。舉例來說，原本住在大東京地區的人會去長野縣或櫪木縣等地購買第二間房屋，打算退休後在鄉間晴耕雨讀。此外，不少土地開發商也模仿美國大型退休社區（retirement community），爭相興建豪華付費安養機構（收住日常生活尚可自理的老人），標榜退休後可以過著如夢似幻的生活。

然而，二〇〇八年美國雷曼兄弟宣告破產（Bankruptcy of Lehman Brothers）後，這個市場事實上已經瓦解。再加上日本東北大地震之後陸續發生了歐元危機、美國景氣低迷、伊朗核武開發、中東民主化、日本消費稅增加等國內外因素，林林總總加起來，更加深了民眾對於未來的不確定性。此外，日本的產業空洞化亦日趨嚴重，為了調整聘僱比例，越來越多團塊世代被迫於六十五歲以前提早退休。

基於這些背景因素，不少人退休後，即使起先悠閒度日，但一段時間後也會開始尋找一週兼職三天左右的工作，開始「半工半玩」的生活。如前所述，銀髮族的資產特徵為「資產豐厚但手頭緊縮」，一般都擁有一定的存款。然而，因為未來的不確定性，他們討厭退休後只能眼睜睜地看著存款簿的金額越來越少，而盡量不動用老本。不過，他們也不會將退休後打工賺來的錢存起來，而是用來滿足自己的興趣或給孫兒們零用錢。總而言之，退休後選擇繼續工作的人，習慣將賺來的錢拿來消費。

### 過去　子女不在身邊

### 現在　子女就近照顧

一九九〇年代正值泡沫經濟，日本國內地價高漲，因此兩代同堂的住宅增加。但進入一九九〇年代後半，隨著泡沫經濟瓦解，土地的價格直直落，許多做子女的開始有能力購買獨棟住宅，離家自立門戶。不過，即便子女不與父母同住，卻有越來越多人選擇搬到父母家附近。所謂的「附近」，是指兩家距離在搭電車或開車往返三十分鐘以內的車程。

住在父母家附近利大於弊。兩代同堂免不了必須彼此忍讓而造成不小壓力；倘若不同住而只是住得近，就能避免這種問題。另一方面，對於身體日漸衰弱的父母而言，一旦有個萬一，子女也能就近照顧，彼此都會比較安心。而且祖父母也能常常看到孫兒，享受天倫之樂。

此外，這種做法對子女也有許多好處。像是長輩可以幫忙照顧小孩，對於飲食等生活開銷不無小補。而且外出時還可以將小孩暫時托給父母。因此，我們必須了解一點：消費者的居住型態，其實是依當時的經濟情勢而變化。

**過去** 照顧年邁臥床父母，與己無關

**現在** 照顧年邁臥床父母，份內之事

當我們在調查銀髮族對於日常生活有哪些不安時，類似「擔心因生病或失智，而臥病在床需要長期照護」的回答一直高居榜首。在二〇〇〇年四月日本政府實施國家照護保險制度以前，這種不安的情緒最為顯著。

在實施國家照護保險制度以前，除了附帶特別醫療服務的養老院等照護機構之外，其他付費養老院也只有極少數的人才有能力入住。而自二〇〇〇年年四月以後，民營養老院紛紛成立，讓高齡者在老後選擇住所時，有了更多選擇。

此外，街頭巷尾已可看到如日間照護中心這類的服務據點。再者，過去只針對特定客層販售的照護用品，現在除了照護用品專賣店以外，一般超市也買得到了。此外，電視或報章雜誌也常常製作專題報導，教導觀眾如何挑選養老院，或是把關於失智症等老年相關疾病的醫療知識，傳達給大眾知道。

由於「照護的日常化」，讓不少曾經認為「事不關己」的人開始有了「未雨綢繆」的想法。因此，我們都該體悟到一點：時代性的變化讓人們的預防保健意識抬頭，一般人都希望老後能夠自理生活，無須接受他人照護。

# 4 上網率變化與銀髮族消費行為

## 銀髮族的上網率與時共進

在影響銀髮族消費行為的重大因素中，上網率的變化也是不容忽視的因素之一。一九九九年，我曾在東京、大阪與名古屋實地調查五十歲以上人士使用網路的情形。大家猜得到比率大概是多少嗎？當時的上網率只有百分之三。圖1－15（請參照63頁）為二〇〇〇年十二月到二〇一二年十二月為止、各個年齡層的上網率變化。從表中明顯可看出，上網率上升最快的是五十歲世代。五十歲世代在二〇〇一年到二〇〇五年的上網率大幅增加。而二〇〇五年到二〇一〇年間，網路使用率上升的則是六十歲世代。依此類推，十年後七十歲世代的上網率將會提高。由此可證，銀髮族的上網率會隨著時間的推移而提高。

## 資訊的流通，讓賣方無所遁形

自從ＩＴ器材普及後，資訊化讓整個市場變得更為透明公開。只要上網查詢，幾乎所有商品的購買地點和價格都一目了然。如此一來，賣方想偷雞摸狗的機會簡直是零。

而無所遁形的產業首推收費養老院。日本某家經營收費安養中心的公司在二〇〇六年以前，習慣在《日本經濟新聞》刊登全版廣告宣傳說明會的資訊，開放六百個名額免費參加在高級飯店舉辦的說明會，並招待午餐。說明會分為「Part 1 日野原老師的演講」、「Part 2 交響樂演奏」、「Part 3 影片介紹」等三個部分。當時廣告才刊出兩天，就吸引了一千三百位左右的民眾報名參加。

說明會當天，在第三部分結束之後，主辦單位在桌上擺放問卷調查表，六百名參加來賓中約有五十名立即表達了「希望入住」的意願。之後在業務人員的跟催下，也有不少人決定簽約。而當時想住進那家養老院的人，必須準備五千萬日圓左右的保證金。

那麼，目前的情況又是如何呢？現在於《日本經濟新聞》刊登全版廣告的話，應該也會

圖1-15 各年齡層的上網率變化

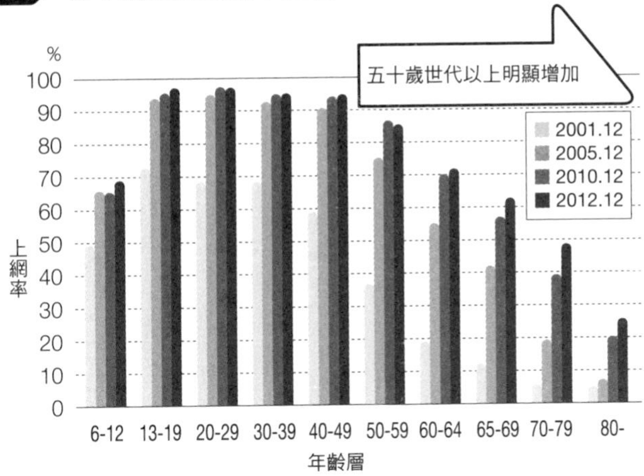


資料來源：日本總務省「通訊利用動向調查」（2001年、2005年、2010年、2012年）

吸引民眾前來報名。但要是如上述般，召開同樣的說明會，準備一樣的問卷調查，我猜結果肯定令人遺憾，應該不會有人當場就填寫「希望入住」了。即使業主將保證金降到二千萬日圓，想必也沒有人會心動而馬上行動。因為時勢已今非昔比，高級奢華的養老院早已沒有市場了。

## 高度資訊化，改變了銀髮族的消費行為

為什麼過去受歡迎的高級養老院，現在會乏人問津呢？那是因為大部分的銀髮族都知道要事前蒐集資訊，也變得越來越精明

了。他們在簽約前會先蒐集各方資訊，精挑細選，不再容易因一時興起而衝動消費。

我有一位友人的興趣就是蒐集各家養老院的簡介。他在兩年半內試住了五十家養老院。不過，他只試住、不簽約。因為此舉對他而言，只是「事先準備、未雨綢繆」的階段。

我還有一位朋友在試住時一定會隨身攜帶數位相機。他的目的不是想拍下養老院的內部裝潢。據他本人的說法，他總會故意在凌晨一點左右按下房內的緊急按鈕，並拍照存證在幾秒之內會有幾人趕來救援。

他之所以會用相機做記錄，是因為養老院大都所費不貲。他想確定一旦有個萬一，會有多少人前來保護自己。但他的這種作法，對經營養老院的業主而言，可稱得上是「奧客」了。

在此，我們先不論客人這種試住行為的對錯，在這個數位3C產品便宜且大量流通的時代，銀髮族幾乎人手一台數位相機或智慧型手機，因此一定會有人做出上述行為。這是無法抗拒的時代潮流。

最近，已有越來越多人的消費行為趨向「展示間」（showrooming）模式。也就是先上網蒐集想要的商品資訊，再實際走訪店家親自確認商品、詢問價格之後，最後上網購買的消費型態。顧客與實體店家事實上並未交易，店家扮演的只是展示間的角色，因而得名。由此可知，目前已經是賣方受制於買方的天下了。

## 智慧型銀髮族，徹底顛覆了市場的主導權

我在一九九九年九月十五日的《朝日新聞》上，提倡過「智慧型銀髮族」（smart senior）的概念，以此說明高齡者在網路時代的新形象，並預測智慧型銀髮族今後將會逐年增加。當時我對這個族群所下的定義是：「懂得善用網路蒐集全方位的資訊，並積極消費的先進高齡者」。

之後，我也不斷重申：「一旦智慧型銀髮族越來越多，賣方就會更加辛苦；因為不多下一點功夫，商品就不容易推銷出去。」十五年後的今天，證明我當時所言不虛。因為智慧型銀髮族的人數一直增加，以往「賣方主導的市場」已轉變為「買方主導的市場」。賣方原本的行銷理論已然過時而必須淘汰。舉例來說，製造業不能再像從前一樣，以為只要大量生

產、大量流通就有銷路。現在的賣方對市場的嗅覺必須非常靈敏，隨時做好準備，因應買方瞬息萬變的需求。

# 5 如何解讀銀髮族的消費走向？

前面已闡明市場的資訊化，對銀髮族的消費行為將造成哪些影響。在此節，我將說明銀髮族的消費行為未來將會如何演變，而我們又該如何解讀。

## 七十五歲是熟齡人生的轉捩點

眾所周知，東京將於二〇二〇年第二度主辦奧運。然而，就銀髮族的角度來看，二〇二五年才是他們的重頭大戲；因為屆時團塊世代中最年輕的人也逾七十五歲，成為後期高齡者的一員。

「後期高齡者」一詞聽起來雖然有點刺耳，但從醫學觀點來說卻有重要的意涵。因為醫界以七十五歲為分界點，不論是就醫率、照護認定率或老年失智症的出現率等，都會快速上升。換言之，人一旦過了七十五歲，需要支援或照護的比例將急速升高。

## 二〇二五年，上網之於銀髮族，已是家常便飯

圖1－16為二〇二五年日本女性人口的結構與需照護人數的預測值。男性人數的變化與女性其實相差無幾。接著讓我們來觀察一下上網率的預測狀況。以八十三歲的人為例，需要與不需要照護的比例幾乎各占一半，而且上網率將近四五％；以IT產品普及的角度來看，四五％簡直已達「普遍」的狀態。總而言之，時至二〇二五年，高齡者使用網路的狀況可說是稀鬆平常。

這麼一來，我們可以如此預測，以物流業而言，高齡者的網購率將戲劇性地大幅增加。單看二〇一四年這一年，所謂的高齡者郵購，大半是透過夾報傳單、電視購物或目錄購物等。不過，今後將會朝網路購物發展。

當銀髮族習慣上網以後，代表零售業的轉變期已經來臨。對於百貨公司、超市等以實體店面為主的零售業，如果仍以不變應萬變的話，就會慢慢流失熟齡顧客。

圖1-16 2025年的女性人口結構、需照護的人數、上網率之間的關係

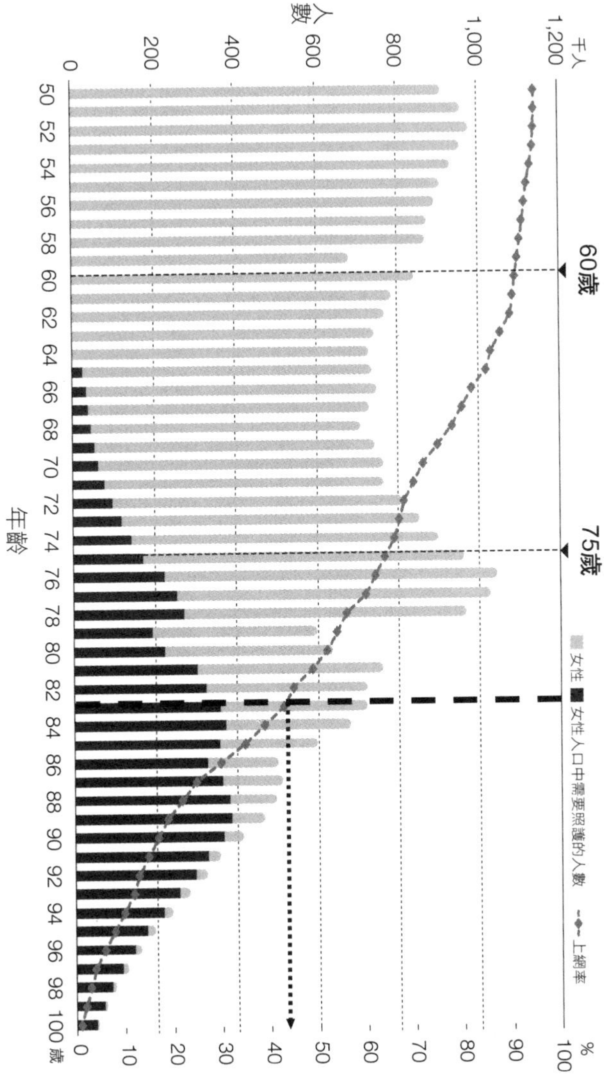


資料來源：日本國立社會保障與人口問題研究所2014年預估，村田事務所製表；其中需照護人數與上網率由村田事務所預估

## 全通路與企業活動的銀髮趨勢，為一體的兩面

相對於此，永旺或伊藤洋華堂（Ito Yokado）等日本大型超市到了二〇一四年才打出「全通路策略」，正式整合實體店鋪與網路。所謂的「全通路」（omni-channel），是指整合店鋪與網路等各種銷售管道，並包含了銷售管道末端的顧客購物體驗。

另一方面，今後銀髮族所使用的行動裝置應會以平板電腦為主。相較之下，智慧型手機的螢幕還是偏小且不易操作，設定或連接至電腦又太過麻煩。因此有些郵購公司事先察覺到這個現象，提早為二〇二五年做準備。像是某家郵購公司提供的平板電腦，不僅有高畫質的導航系統，而且只要動動手指、一鍵就能下單，讓買家得以隨心所欲地購物。

由此可知，全通路策略與企業活動的銀髮趨勢，其實就像錢幣的正反兩面，是一體兩面的關係，無法分割且缺一不可。

## 未來是「超級聰明銀髮族」v.s.「不聰明銀髮族」的兩極化市場

我個人認為今後銀髮族的生活模式將會呈現兩極化的態勢。一種是所謂「超級聰明銀髮族」的出現。「超級聰明銀髮族」是指對於電腦、平板電腦、智慧型手機等科技產品均能操作自如，懂得採取各種預防措施避免自己罹患失智症，並深諳健康延年益壽之道的高齡人士。

即便需要照護，他們也能善用IT器材，在自家住宅或養老院裡隨心所欲地購物，享受必要的服務。除卻無法單獨行動之外，他們的生活幾乎與身強體健時一樣。這就是「過去的高齡者」與「超級聰明銀髮族」的不同之處。

相對的，另一種則是抗拒使用IT資訊產品的「不聰明銀髮族」。這些人一旦需要照護，情況會與超級聰明銀髮族截然不同。不聰明銀髮族必須完全仰賴旁人的幫助，簡直毫無行動自由。然而更值得關切的是，他們即使身體健康，也會因排斥心態而喪失許多機會。

在銀髮族仍然不太習慣上網的時代中，不少高齡者都抱持著「不上網也沒有什麼影響」的想法。即便現在，我周遭年屆或已過古稀之年的人，仍多抱著這種心態。

然而正如先前所述，到了二〇二五年，習慣上網的高齡者就不再是少數了。會不會使用科技產品上網，將嚴重影響日常生活的便利與否。

今後即將成為高齡者的人，是否需在「超級聰明銀髮族」與「不聰明銀髮族」之間選邊站？我想答案是無庸置疑的。對於提供商品或服務的企業而言，這一點也是最該留意的關鍵。

Chapter

2

# 如何發掘銀髮商機？

銀髮商務的成功關鍵——解決「三不困擾」

一般說來，銀髮族會優先消費能夠解決「三不困擾」的商品或服務。「三不」指的是「不安」、「不滿」、「不便」，而解決這些問題的市場正在悄悄萌芽。不管在任何調查中，「健康」、「經濟」與「孤獨」都是銀髮族「不安」排行榜的前三名。

其中，尤以健康問題最令他們擔心。大多數高齡者都曾表態「最擔心自己生病住院或臥病在床」。因為生病或住院等醫療費用會造成經濟上極大的不安。再者，不想拖累家人也是引起不安的因素之一。縱使很幸運的健康無恙或手頭寬裕，也會因「缺乏家人或親友倚靠」或「無所事事」而感到孤獨不安。這種不安亦可解讀為「欠缺生命意義的不安」。

「三不」問題的產生，關乎於供需兩端。需要端的原因主要是第一章所述的「五大變化」。而供給端則是因為跟不上需要端的變化所致。

類此供給端的問題，大多常見於經濟高度成長期中營運成功的傳統企業。因為這些企業自以為「公司一直經營得法，對於銀髮族市場又要如法炮製即可」。特別是經營高層的成見一旦根深柢固以後，就無法靈活因應瞬息萬變的市場。

在本章中，我將談談如何從銀髮族潛在的「不安」中發掘商機。

## 1 重新審視飽和市場

最有希望的銀髮市場首推「飽和市場」。這些市場的周邊存在著許多銀髮族潛在的「不安」因素。

而這些市場之所以飽和，原因之一在於缺乏回流顧客；顧客之所以不再購買，多半出於不滿意目前的商品或服務。然而，業主卻一點也沒有察覺到這些不滿，或者就算察覺了，也不想耗時費力地去打破業界或公司內部的習慣，因而將過且過。

### 徹底消除中高年女性的不滿——可爾姿

二〇〇三年三月，我首次將美國的女性專用連鎖健身俱樂部「可爾姿」（Curves）引進日本，而這正是一個徹底解決中高年女性不滿的成功案例。

當時日本的健身俱樂部大都以「靠近車站、交通便利」、「衛浴設備齊全」、「配置各種健身器材」、「豪華游泳池」與「占地寬廣」等為賣點。

然而，當時會去健身俱樂部的人卻只占日本總人口的百分之三。而上班族不喜歡上健身房的主要理由如下：

- 工作繁忙，去的時間不固定
- 男性光是更衣、運動、泡澡、沖澡等，每次至少需要兩個小時
- 女性的話，加上化妝的時間，每次最少需要三個小時
- 周末人潮眾多，擠不進去
- 一旦中斷，就會越來越不想去

即使是會員，也會因為上述不便因素，而與健身房漸行漸遠。當我們詢問中高年女性為何不再上健身房時，得到以下回答：

- 不喜歡與男性一起上健身房
- 不想讓男性看到自己運動的樣子
- 男性用過的器材都殘留汗漬，看了就不想用
- 不想看男性賣弄肌肉
- 不喜歡看到健身器材只是冷冰冰的排列整齊，毫無裝潢可言
- 每月須付一萬日圓左右，負擔過大
- 不想在鏡子裡看到自己運動的樣子
- 重量訓練器材對身體的負荷太大

可爾姿不但一一解決以上問題，還提出了以下的服務概念：

- 女性專用的健身空間（工作人員也全是女性）
- 所有課程都在三十分鐘以內結束

● 每個月的費用約五九〇〇日圓
● 沒有游泳池、淋浴或三溫暖等衛浴設備
● 健身房不裝設鏡子
● 使用油壓式器材

順便一提，過去的健身俱樂部一般都使用重力健身器材，但可爾姿的健身器材卻採油壓式設計。雖然這種器材快速運作時負荷會加大，但減緩速度時就感受不到任何負荷，而且可以依每個人的肌肉狀況來調整負荷程度，因此不易受傷。此外，可爾姿也盡可能縮小器材的尺寸，因此幾乎不用維修。

可爾姿不僅全面使用油壓式器材，並捨棄了游泳池、淋浴間與三溫暖等設施。相較於傳統健身俱樂部，更能將最小的空間做最大的利用，而且投資金額與維修費用也相對減少許多，對於提供服務的賣方而言有莫大的益處。

此外，工作人員與使用者全是女性，因此女性朋友不化妝也敢來，可以節省不少時間。

可爾姿訴求的是「三沒有一不」——「沒有男性」、「沒有鏡子」、「不化妝」。因此許多對一般健身俱樂部頗有微詞的中高年女性，也都欣然去可爾姿健身。

截至二〇一四年，可爾姿在日本已有一四一一家店鋪，會員超過六十萬人。自二〇〇五年七月第一家店開幕以來，僅八年九個月的時間就有如此成長，讓其他國家的可爾姿嘖嘖稱奇。

## 察覺顧客的「三不困擾」，避免市場飽和——超商

超商市場常被認為已經飽和。然而，不管市場飽和與否，超商數量卻仍不斷成長。和過去相比，超商店面大小的變化不大，但販售的商品與銷售方法卻迥然不同。其中最引人注目的是，他們為解決銀髮族女性的「三不困擾」所下的功夫。

越靠近城市，獨居高齡者的比例就越高。因為是獨自用餐，每餐的份量無須太多。況且只有一個人，每天煮三餐也頗為耗時費事，因此熟菜、便當或中食的需求隨之升高。此外，對於行動不便的人來說，與其大老遠跑去大型超市，倒不如在住家附近的小型超商採買來得

方便。由於這些背景因素影響，過去以年輕人為主要客層的超商開始轉型，變成支撐銀髮族日常生活所需的重要據點。

然而，超商提供的便當一向都走「便宜大碗」路線，無法迎合中高年族群或女性想多攝取蔬菜、低卡少量的需求。

因此，近來超商研發出少量、少鹽、低卡洛里的「健康型便當」，以滿足中高年與女性顧客。此外，更提供味噌燉鯖魚、燉羊栖菜、建長湯（以根菜類為主的湯品）等只要熱一下即可食用的日式菜餚，以及麻糬丸子、麻糬、草仔粿（草餅）等和風甜點，品項相當齊全。顯而易見的是，這些全都是針對銀髮族設計的菜色。

## 市場飽和肇因於供給端

傳統音響市場過去也曾被蓋上飽和市場的烙印。自一九八二年CD數位播放機問世、直至一九九〇年代成為市場主流後，傳統音響市場便從原本的百家爭鳴變成「一片死寂」。

然而，最近大眾的觀念已然轉變，認為「LP等黑膠唱片的音質比數位音樂更溫暖、有韻味。貼近真實的聲音，聽起來更悅耳舒服。」因此唱盤機或卡式錄放音機等傳統影音產品又敗部復活了。

數位音響的優點是人人都可以輕易地取得穩定的音質。然而，對於那些年輕時聽慣了傳統音響、知道兩者音質差異的人來說，不免會對數位音響感到不滿或覺得不過癮，因此選擇重回傳統音響的懷抱。而生在數位時代的年輕人，也開始對黑膠老唱片產生了興趣。

事實上，一九八〇年代以後專攻CD數位音響而開創出新市場的家電製造商，與不得不跟隨其後的唱片公司，都特意減產傳統音響的相關商品。這就是傳統音響市場之所以「沉寂」的原因。大眾常以為一個市場之所飽和，是需求已經到頂的緣故。其實不然。絕大部分原因始於供給端，往往是供給端未能盡力刺激市場成長而引起的。

## 何謂沉睡的商機

便利商店習慣利用POS（銷售資訊管理）系統，隨時確認「暢銷品項」與「滯銷品項」的動態；透過這個系統確保「暢銷品項」不缺貨，並讓「滯銷品項」在短期內下架，想盡辦法讓架上擺滿熱賣商品。

使用POS系統的確能掌握「暢銷商品」的狀況。然而，對於「滯銷品項」，亦即賣不出去的商品，卻無法找出導致滯銷的原因。事實上，這些賣不出去的商品中，有不少都隱藏著新商機。

既有的商品或服務，即使市場看似飽和，卻一定還是無法滿足某些顧客的需求。因此我們的課題是如何挖掘出潛藏顧客心中的「三不困擾」。我們在每日開門營業、提供服務的過程中所收到的任何客訴，可視為是顧客在無理取鬧，也能看成是一種新商機。解讀方法不同，左右了創造出新市場的可能。一般人都以為商機藏在外面的世界，卻不知道它其實就在我們身上。所以以後再遇到有人客訴時，請採取正面積極的態度，將之視為開拓新事業的機會。

本節一開始雖然用了「飽和市場」這個字眼，但市場並不會真的達到完全飽和的狀態。事實上，飽和的是我們看待市場的觀點，也就是我們對於既有市場的看法或想法已達飽和，而變不出新意了。譬如說：

「傳統音響早就玩完了，根本沒有商機。」
「健身市場已經飽和，現在才加入的話很難成功。」

諸如這種先入為主的觀念，才是妨礙我們發揮創意的元凶。真心想發掘商機的人，就必須先拋開這種觀念。

換言之，商機只是在你的腦子裡沉睡，等著你來喚醒它們。

## 2 解決每日無處可去的「不便」

上班族退休後，馬上會面臨到一個問題：「每日無處可去。」這代表即使自由支配的時間增加，可以時常外出，退休人士卻沒有一個可以每天固定或持續前往的場所。然而，與其說是沒有地方去，不如說是生活茫然、沒有任何目標。

有工作的上班族，至少有公司可以安身立命。即使是常在外面奔波的業務人員，只要有需要，依然有個像家一樣的公司能隨時回去。但是一旦退休，那個地方就會消失不見。因此，大部分人退休後，首要之務就是找到一個新的棲身之處。

### 適合退休人士的第三場所

所謂的「第三場所」，是美國社會學者雷・歐登伯格（Ray Oldenburg）在《最好的場所》

（*The Great Good Place*）一書中首創的名詞。他在書中指出，比起家庭（第一場所）或工作地點（第二場所），「第三場所」所具備的功能對社會更重要。比方說，美國芝加哥的**Mather Café Plus**號稱是「銀髮族的星巴克」，其靈感就來自「第三場所」的概念。除了一般咖啡廳的功能外，還提供琳瑯滿目的生活資訊，並有空間舉辦文化講座，或是讓顧客健身運動。

我於十二年前提出的「適合退休人士的第三場所」，便是受Mather Café Plus所啟發。核心概念是為每天無處可去的失業或退休人士創造一個社會參與的去處。這個概念必須具備以下條件，場所不拘。

(1) **提供價格合理的餐點與飲品。**
(2) **提供各種有利的生活資訊。**
(3) **提供各種維持健康、學習或訓練技能的機會。**
(4) **提供認識新朋友的機會。**

## 日本銀髮族的大本營——米田咖啡

事實上，過去日本有不少企業模仿Mather Café Plus成立「○○咖啡廳」或「××沙龍」，最後都不了了之。理由之一是他們將咖啡廳設計成開放式交誼廳，空間很大卻不符合成本效益。

此外，開放式設計很難聚集人潮。再說，人們生性不喜歡待在空蕩蕩且缺乏隱蔽性的地方。這就好比乘客進了電車，往往會先挑兩邊的座位，而中間的位置最後才有人坐，道理是一樣的。

從名古屋發跡的米田咖啡廳，就是捨棄大空間而成功的案例。這家咖啡廳提供成年人一個悠閒的「第三場所」，極獲好評，目前在日本已展店五七一家（截至二〇一四年四月為止的數字）。

米田咖啡廳的優點在於內部裝潢成恍如隱密森林小屋的氛圍，並隔成許多包廂區，吸引客人一坐下來就不想離去。牆壁的建材一律使用木頭，讓談話的聲音得以適度迴響，營造出人聲鼎沸、好不熱鬧的感覺，而這也是該咖啡廳成功的原因之一。米田所做的努力，讓同一個世代的人可以聚在一起暢所欲言，因而創造出高人氣。

此外，家庭主婦即使帶著幼兒同行，也無須擔心吵到別人，而可以盡情交談。由此可知，像咖啡廳這種人們聚集的場所，最好設計得像森林一樣有許多隱密的空間。

再者，米田早上七點到中午十一點的早餐時段，只需單點飲料，便附贈土司和水煮蛋，吸引了不少銀髮族早上前來光顧。店內並擺放二十本以上的報章雜誌，讓顧客可以一邊吃早餐、一邊吸收生活資訊。這種讓客人覺得「物超所值」的感覺，也是成功的關鍵所在。

大家一定不難發現，米田咖啡廳其實完全符合前述「適合退休人士的第三場所」的四個條件。

# 3 解決實體店面無法一次買齊的「不便」

## 因應顧客需求，研發商品

過去百貨公司在陳列商品時，幾乎都是按照生產或銷售的「廠商」、「品牌」順序排列。當一位男性走進西服賣場，想從西裝、襯衫、領帶到鞋子整體搭配、一次買齊時，這些商品大都按品牌別而東一個、西一個散落四處，因此想要先比較過設計、品質或價格之後，再購買一個最合自己心意的商品，幾乎不可能。百貨公司雖然強調以客為尊，但實務上卻多半優先考慮進貨狀況而採取「賣家主導」的模式。

然而，自從幾年前專營男裝的新宿伊勢丹百貨與有樂町阪急百貨男士館開幕以來，總算改變了這種「賣方主導」的模式。這些店家確實配合顧客需求來設計男性用品區的陳列與動線，將品項從「無意義的羅列」改為「用心的規畫」。

## 商品品項規畫大師——松坂屋上野店

目前市場需要的是，懂得因應銀髮顧客需求來規畫「商品品項」的百貨公司。二〇一四年三月重新開幕的松坂屋上野店，堪稱箇中代表。

松坂屋上野店有不少專櫃習慣將「客人可能有興趣的相關商品一起陳列」。此外，針對「不想到處走動」的客人，該店則善用平板電腦展示商品，清楚顯示對應的賣場與樓層。而且有需要的話，店員也會把商品送到客戶面前，讓他們挑選。對於行動不便的銀髮族而言，想要買齊東西卻得在大賣場裡走透透，實在是一大負擔。因此這些服務顯得非常難能可貴。

此外，松坂屋上野店也有專為女性設計的「仕女精品區」，讓女性顧客宛如在自己家裡一般舒服，可以一邊喝茶、一邊購物，設有的專櫃如下：「安眠實驗室」提供寢具諮詢服務、「方便生活實驗室」貼心提供可供顧客試用的助聽器、步行器等照護用品、「時髦實驗室」提供假髮、健康食品等與美容、健康及療癒相關的商品。這些專櫃顛覆過去賣場只陳列商品的作法，進化升級為諮商型服務，服務人員會認真傾聽銀髮顧客的需求之後，再推薦最合適的商品。

再者，松坂屋上野店更將台東區與文京區劃入特殊服務地區，提供當日宅配、陪同購物、代購與傳真訂購宅配等服務，以求消除高齡客層無法搬提重物的困擾。

## 全方位服務的綜合型商店——智慧型寢具東京店

Paramount居家電動床從一九四七年創立以來，一直以生產專業醫療看護床為主，但最近該公司也將觸角延伸至一般居家床鋪。該公司於東京京橋開設的「智慧型寢具東京店」（Smart Sleep Store Tokyo）便以「專業寢具」為主題，不只販售睡床、床墊、枕頭等用品，每一位店員也都是「睡眠專家」，能根據客戶的體型或睡姿建議適合的寢具。而且除了寢具以外，店裡的睡眠專家還協助顧客挑選助眠的香精或音樂，營造出舒適放鬆的氣氛，提供顧客可以一次購足（one stop shopping）的整合型服務。

此外，「永旺購物中心幕張新都心店」的「寵物商城」也因應顧客需求，設立了寵物綜合商店。該商城號稱日本最大型的寵物商店，除了不提供寵物殯葬服務以外，其他與寵物相關的服務包羅萬象、應有盡有，包括寵物飯店、動物醫院、訓練、年老寵物的復健、美容等。

想扮演好「商品品項規畫大師」需要三個條件：①懂得引發顧客潛在需求、挑選能產生「共鳴」的主題；②懂得傾聽顧客的需求，擅長交談；③提供豐富的商品選項，確保品項齊全。值得注意的是，對於挑剔的銀髮顧客而言，如果產品品質缺乏一定水準，反而會給他們一種不受尊重的感覺。

## 4 用「優雅時尚」包裝年老體衰的「不便」

### 「銀髮族專屬」是大忌

推廣銀髮市場時，切記避免強打類似「專為銀髮族設計」的說法。適合強調「銀髮」、「老」等字眼的只有「老年優惠價」或「銀髮族折扣」等有具體經濟效益的情況。華歌爾針對中高年女性推出的「Grappy」系列，便是箇中代表。Grappy是華歌爾因應中高年女性實際的生理機能與身型，而特別研發的內在美產品，該系列包括：「適合寒冬穿著的舒適內衣」、「美胸設計的胸罩」、「完全包覆腹部及拉提臀部的束褲」、「矯正背部姿勢的束胸衣」等商品，完全沒有特別強調是專為銀髮族設計。

此外，永旺與華歌爾共同研發的女性內衣品牌「Tuyaka」則以六十歲世代為主要客層，商品設計同樣沒有觸及任何「銀髮族專屬」的相關字眼。兩家公司異業結盟的目標雖然鎖定銀髮族市場，但永旺在銷售時並未凸顯華歌爾高級內衣品牌的形象，反而在標籤上營造一種物超所值的感覺，共創雙贏商機。

另一方面，日本主攻五十歲以上族群的《活力》雜誌則推出了長銷商品「Tencel」（天絲纖維）服飾。這個系列有高領、小圓領襯衫兩款設計，每件售價六九九四日圓（含稅，二〇一四年四月的價格），價格雖不便宜，但受歡迎的祕密在於可以自然地遮住頸部皺紋，而且衣料採用伸縮材質，洗後不容易變形。

思考行銷策略時，不要特別強調銀髮族專屬設計，設法凸顯出此商品可以優雅地修飾並改善銀髮族的身體變化。

## 跟得上流行的福祉型商品，為今後的商品開發重點

有一段時期針對銀髮族開發的商品都只注重機能，結果給人一種「老氣」或「跟不上時代」的印象。但近年來，不少銀髮族的流行觸覺變得很敏銳，有越來越多人在意起商品的外

觀與設計。

早期NTT docomo所推出的樂樂手機被批為造型老氣，充滿濃濃的「老味」，但最近也改走時尚風。而「Hazuki眼鏡式放大鏡」（Hazuki loupe）之所以暢銷，也是因為跳脫了老花眼鏡一貫的老氣設計。連高齡者用的拐杖也漸漸變得時髦有型。

然而，還有不少商品尚有改進的空間。其中最具代表性的就是高齡者用來代替拐杖的「步行椅」。步行椅是一種內藏置物箱的推車，可收納物品，亦可當椅子坐下休息。但廠商往往只注重這種產品的機能，而忽略外表的設計與美觀。

此外，高齡者的鞋子也有待加強。目前市售的鞋子只注重防滑、穿脫容易、可減輕腳部負擔等機能，卻忽略了外觀造型，幾乎看不到有品味的設計。而照護或福祉用品在設計上也都與流行脫節。

團塊世代以後的年齡層大多從年輕時便對流行相當敏感，也有自己的品味。對於這些人而言，商品的流行性與時尚感，變得越來越重要。

# 5 瞄準「三不困擾」橫生的傳統市場

## 即使花大錢，也買不到滿意的商品

即使銀髮市場的需求已今非昔比，但供給端卻依舊故我，因而讓顧客產生許多「困擾」，而這樣的銀髮市場可說是極具潛力。

助聽器就是典型的代表之一。日本的助聽器大多從德國或丹麥進口，目前的市價居高不下，一台助聽器的售價為三十五至五十萬日圓不等。即便如此，仍有不少人因為「雜音」、「塞住耳朵」、「空隙」或「戴起來頭痛」等原因而決定不戴。

因為上述不好的使用經驗而放棄配戴助聽器的人，是不會有興趣買第二次的。一台開價五十萬日圓、卻一點用處也沒有的助聽器，留給顧客的只有負面觀感。若從賣方的觀點來看，只要賣得出去就是一筆交易，但這種做法等於是飲鴆止渴。長久以往必定嚴重損及商譽。

日本雖然也有一台只要數萬日圓的廉價國產品牌，卻依然乏人問津。因為「聽力」是人類日常生活不可或缺的機能，而助聽器的作用在於補強這個機能，所以價格並非顧客決定購買與否的主因。只要助聽器配戴起來服貼舒適、宛如真正的耳朵一樣發揮應有功能的話，即使貴一點也完全不用擔心銷量。

而這類商品最大的問題在於，需要配戴一段時日才能確定合適與否。因此，想用的話一定得先花錢購買，但如此一來又會考慮到價格是否過高的問題。即使退一萬步來說，只要物超所值，價格再貴也會讓人買得心服口服，但助聽器的市場之所以發展有限，就是因為要做到物超所值的難度很高。

## 遙控器蘊藏無限商機

另一個令買方不滿、賣方卻不以為意的例子就是家電產品的遙控器。目前坊間的遙控器都有一大堆按鈕，不僅排列方式不盡相同，按鈕的尺寸或字樣也太小，對於有老花眼的人來說很不方便。

以數位電視來說，各家廠商的遙控器規格都不一樣。即使是同一個廠商也可能因為產品不同而配有不同的遙控器。我想每個人家裡應該都有好幾個遙控器，這對上了年紀的人來說，光是整理收納就很花時間，更遑論要弄清楚這些遙控器的功能與使用方法。

然而，遙控器的銷售量之大，實在不容小覷。因此，如果遙控器能有一個業界統一的規格，以及各種產品皆相容的使用方法，讓男女老幼都能輕鬆上手的話，我想一定能夠大幅提高銀髮族的滿意度，日本企業的競爭力也會大增。

## 向宛如天書的說明書說不

我曾經協助NTT docomo研發一款針對高齡族群的「樂樂手機」。在開發這款手機時，我們便是以「適合老年人使用、用法簡單」作為主要考量。

令人遺憾的是，這款手機第一版的說明書，讀起來一點也不「輕鬆」。說明書本身小而厚，裡頭的字很小又排得密密麻麻。使用者對某個用法有疑問時，也很難找到相對應的說明頁面。稱得上是手機用起來「輕鬆愉快」，但說明書卻讓人看得「頭昏腦脹」的異類。

之所以會出現這種狀況，最主要是因為研發產品的階段分工過細，而削弱了整體規畫的功能。開發這款手機時，因為產品與說明書是分頭進行，且最後並沒有整合，才會發生這種「各走各路」的慘況。說到底，廠商在研發此產品時並未站在消費者的立場思考。

與樂樂手機正好相反的是蘋果的iPhone。iPhone的說明書頁數不多，只記載必要的使用說明（雖然仍有字體過小的缺點）。然而，人們實際使用過後就能體會廠商設計時的用心。事實上，這款手機的設計理念是：就算不看說明書，也能輕鬆使用各種功能。除了iPhone以外，蘋果公司所有的產品都是依照這個思維設計而成的。這也是該公司能擁有大批死忠蘋果迷的原因。

## 失寵的家用電話，其實是一支潛力股

行動電話或智慧型手機的功能雖然日新月異，但家用電話卻正好相反，功能一成不變。

在手機占絕對優勢的時代裡，一般人都以為家用電話已經沒有成長的空間，因此沒有廠商願意投入金錢或人力去研發或改良。

然而不容忽視的是，仍有一大群銀髮族是家用電話的愛用者。因此我認為，如果家用電話能增加一些新功能，如可輕易匯入行動電話、智慧型手機中的電話簿，或是像樂樂手機的「超清晰報你聽」那樣的內建便捷功能，商品的附加價值肯定立刻水漲船高，廣受市場歡迎。但不可思議的是，這麼簡單又好實現的點子卻沒有人想到並付諸行動。

## 6 找出自己的「三不困擾」

個人的不滿，也能促使一個商機萌芽。希望讀者能夠重新審視自己的四周，找出自己的「三不困擾」。接著，我將以自身為例，為各位讀者進一步說明。

### 微軟作業系統，集「不滿與不便」於一身

我最近換了一台新電腦，內建的微軟作業系統程式自從升級為8與8.1版本之後，我個人覺得非常難用。雖然跟平板電腦的介面相同，但是功能卻與Windows 7沒有兩樣，而且使用上更加不便。

這就是市場若是「一家獨大」，便會疏於精益求精的代表例子。這裡所謂的市場，是針對作業系統而言。市場上必須有數家公司同時競爭、切磋品質或價格，才有可能研發出令使

用者讚賞的產品。因為使用者只買真正好用的東西，不好用的商品必然會遭到市場淘汰。

在美國，電腦的出貨量以「平板電腦」為最大宗。而就ＩＴ領域而言，美國發生過的現象或趨勢，數年後一定也會在日本上演。換言之，日本一定會步上美國的後塵。然而，雖然最近的平板電腦越來越好用，但仍有改進的空間。

坦白說，微軟電腦簡直是「集使用者一切不滿與不便的大成」。因此，只要市面上出現一款不向Windows靠攏的電腦，而且使用方便的話，我想除了吸引廣大的銀髮族，也能受到一般使用者的青睞。其實，美國Google早已推出搭載自家作業系統的筆記型電腦Chromebook，且市占率有逐漸成長的趨勢。日本雖然還沒有類似的商品出現，但我希望很快就能有廠商起而效尤。

## 管理大不易的集點卡

很多商家發行的集點卡也是一個棘手的問題。除了部分大型連鎖店以外，一般小店發行的幾乎都是紙卡。因此，家庭主婦的錢包總是鼓鼓的，塞滿了好幾張類似的集點卡。

如果智慧型手機能儲存這些集點卡，只要一台手機在手，就能輕鬆集點的話，對使用者會更加方便。我認為這種構想在技術上不成問題，之所以至今仍沒有廠商推出這種功能，應該是因為想整合交易、企業規模大小不同的商家並集中管理，以現階段來說肯定是一場極為艱鉅且浩大的工程。然而，只要企業考慮到顧客使用上的便利性，我相信在不久的將來，這種構想就能成真。

Chapter 3

# 如何開創銀髮商務？

## 銀髮事業趨勢的橫向思考

第二章已向各位介紹銀髮商務的思維基礎聚焦於「消除三不困擾」。本章將為讀者進一步說明如何掌握開拓銀髮市場的切入點與商機。

# 1 將年輕族群的商品複製到中高齡市場

一直以來，紙尿布廠商都只針對嬰幼兒研究與開發商品。然而隨著社會漸趨高齡化、照護需求的增加，成人紙尿褲的市場也逐漸擴大。根據日本嬌聯（Uni Charm）的資料顯示，日本的嬰兒紙尿布市場在二〇一二年約為一四〇〇億日圓，而成人紙尿布市場卻已達到一六五一億日圓。大人用紙尿布成功逆轉，大幅超越了嬰幼兒紙尿褲。

成人紙尿布是因為成人消費者的需求浮出檯面，而研發出來的商品。不過，就算中高齡族群的需求不甚明顯，我們也能從以孩童、年輕人為訴求的商品或服務之中，探討開拓銀髮市場的可能性，如此一來，就有可能讓潛在的市場化暗為明。

## 許多食品大廠轉而開發「大人商機」

舉例而言，養樂多於二〇一三年三月推出的「養樂多Ace」就是一個典型的例子。該公司打出了「大人喝的養樂多」這樣的廣告詞，強力宣傳下列產品特色：

△獨創「乳酸代田菌」，含量高達三百億以上（為原本養樂多的兩倍）

△內含果糖，促進腸道內的比菲斯菌或乳酸菌繁殖

△添加礦物質與維他命（C與D），可補充飲食中不足的營養素，如鐵、鈣的吸收

△低糖，口感清爽

類似這種原本針對小孩開發的乳製品，轉而主攻「大人」時，製造商往往會標榜健康或

低熱量等訴求。

## 成人商品的注意事項

最近，過去以孩童為訴求的商品轉攻「成人」市場的案例，有日漸增加的趨勢，如樂天（Lotte）針對該公司的暢銷冰品「賞雪大福」推出巧克力口味的「大人的巧克力賞雪大福」與抹茶巧克力口味的「大人的香濃抹茶賞雪大福」等。

然而，若只是將商品名稱改為「大人的××」，並無法保證一定會受市場歡迎。我們只要看一看過去各家公司的設計，就不難發現失敗的案例極多，而且大部分都給人一種粗製濫造的感覺。

這種狀況主要可歸因為：①廠商很難為一個要價只有數百日圓的商品，投入大量資金進行研發，因此產品的設計往往無法盡如人意；②業界習慣大量生產、大量流通與大量銷售的傳統模式，不擅長應付變化多端的銀髮市場。

## 用心觀察必能發掘新市場

然而事實是，無須挹注大量研發費用，也能到找出許多暢銷商品的切入點。看看食品廠商推出新品的文宣即可發現，大部分廠商都將客層鎖定在「二十歲到三十歲世代」。倘若更用心觀察的話，就能發現只要多下一點功夫，同樣的商品也能抓住年齡層更大的顧客。

森永乳業與森永製菓共同推出的「森永焦糖牛奶布丁」就是一例。該公司為紀念「森永焦糖牛奶糖」上市一百週年而推出這款布丁，並於二〇一三年九月正式開賣。從該公司的新品宣傳活動，便可看出主要客層仍鎖定「二十歲到三十歲的男女」。

那麼，就讓我們從第一章所整理的「世代獨特的嗜好」，來思考一下這個案例。對於從小就吃慣森永牛奶糖，擁有「世代成長經驗」的四十歲到六十歲的人而言，如果能夠適切的傳達這個商品的價值，就有可能引發他們興起「欸，好懷念喔！」或「噢，那個牛奶糖做成布丁了？不知道味道如何？」的念頭，即所謂的「懷舊型消費」。

此外，森永乳業從一九六五年起推出並熱賣至今的「媽咪」牛奶，原本是瓶裝設計，但目前已改為紙盒包裝。如果改回「瓶裝」，不就能讓五十歲以上的客人產生「懷舊型消費」了嗎？因為對於五十歲以上的世代而言，小時候喝一瓶每天早上送來家裡的「媽咪」牛奶，可說是一種奢侈的享受。

綜合以上所述，雖說基本上屬於創意範疇，但針對四十歲以上的客層，商品設計部分最好能讓這些擁有「世代成長經驗」的人萌生一股懷舊的氛圍，驅使他們伸手去拿架上的商品。

## 2 重新包裝銀髮族「童年記憶」的藝術

### 莉卡娃娃家族新成員——莉卡外婆

接下來要介紹的行銷方法，同樣著眼於世代獨特的嗜好性、喚起消費者過往記憶，進而創造需求。Takara Tomy玩具公司的莉卡（Licca）娃娃系列就是最佳的例子。

莉卡娃娃是該公司一九六七年於日本推出的暢銷商品，至今已賣出五千萬個以上。這個娃娃是參考美國美泰兒公司（Mattel Company）的「芭比娃娃」，並配合日本人的喜好而設計出來的商品。此外，莉卡娃娃最大的特色之一就是「定位清楚」。

譬如說，該公司一開始就為娃娃設定了完整的個人資料：

姓名：香山莉卡

年齡：（永遠）十一歲

身高：一四二公分

體重：三十四公斤

生日：五月三日

連莉卡父母親的職業、年齡也一樣設定得很清楚。這個系列的玩偶可說已超越小孩扮家家酒的範疇，呈現出充滿故事性的童話世界。

之後，該公司又推出了莉卡的雙胞胎與三胞胎弟妹。時至二〇一二年四月，曾經熱愛第一代莉卡娃娃的人都已年屆五十五歲，此時該公司順勢推出一款新娃娃——莉卡外婆。莉卡的外婆名叫香山洋子，年齡五十六歲，經營蛋糕店。這個娃娃的造型相當年輕，看起來約莫三十多歲或四十出頭。從第一代莉卡娃娃推出以來，至今已過了四十五個年頭，廠商的用意是讓莉卡娃娃扮演孫女的角色，莉卡外婆則代表所有的外婆、奶奶，製造祖孫一起同樂的機會。

## 從《學研的科學》到《大人的科學》

另一方面，日本學研公司也推出了適合成年人閱讀的雜誌《大人的科學》。這本雜誌針對的客層為目前四十~六十歲的世代。這個年齡層的人看到小時候熟悉的《學研的科學》出了大人版，叫好也叫座。此外，每期都附送「針孔式星象儀」、「電子積木」、「簡易型太陽能發電機」、「紙製膠捲放映機」、「USB微距特殊攝影機」等贈品。以「簡易型太陽能發電機」為例，這類贈品屬於目前這個時代才有的產物，是先前《學研的科學》萬萬意想不到的贈品。而這種隨書附送高級贈品的設計，正是這本科學雜誌最大的賣點。

綜合以上所述，我們不能只是忠實複製兒時的懷舊商品，設計概念除了要能勾起顧客童年的快樂回憶，還必須增添現代感的元素。

## 3 主推「各世代同享・同樂」的訴求

將目標市場轉移到熟齡族群時，如能搭配不同的世代、提高訴求力，將會是頗為有效的行銷方法。接下來就讓我舉幾個例子進一步說明。

### 標榜祖孫同樂

近來，日本的音樂會開始吹起「同樂風」，出現了如「與媽媽一起……」、「與孫子一起……」這樣的廣告詞。日本東京椿山莊高級飯店就推出了「與孫子一起聆聽古典音樂」的晚餐音樂會。售價（含餐飲）為祖父母每人一萬三〇〇〇日圓；小學生以下的孫兒則每人三五〇〇日圓。每次約有三十組客人報名參加。對於訂購的客人而言，這除了是祖父母對孫兒的藝文教育以外，自己也能樂在其中。通常只要是花在孫兒身上，祖父母都出手闊綽，遑論還能藉機與愛孫相處。平時錙銖必較的銀髮族，對於孫子、孫女就很捨得花錢。

先前提過的莉卡娃娃也是因為成功聯繫起銀髮族與孫兒間的感情，才創造出商品的價值。順便一提，該公司的長銷商品之一「大富翁」，為了因應時代變化，目前也正在研發可以三代同樂的設計。

## 迪士尼推出三代同樂優惠

東京迪士尼度假區則以「三代同樂的東京迪士尼」為主題，推出優惠住宿行程，包括特別導覽旅遊、拍紀念照、特別套餐等，讓孩童與父母、祖父母一同玩樂的行程。

過去東京迪士尼度假區一直自我定位為「親子＝家族」，全家大小都能在園區走透透，花時間排隊等候需要體力的遊樂設施。因此，主要客層原本鎖定年輕情侶，或是帶小孩來玩的年輕父母。

然而，最近他們也開始將祖父母納入目標客層，園區內的餐廳也因此有所改變。過去迪士尼的餐飲都以速食為主，但現在卻增加了可以悠閒用餐的日式餐廳。此外，園方也增設許多長椅，讓遊客可以隨時隨地坐下休息。

## 三代同堂的二代宅不夠看，現在流行二．五代宅

日本旭化成建設首創的「二．五代同堂」，是傳統的二代宅（三代同堂）加上尚未成家的兄弟姊妹（叔舅姑姨輩）。這是該公司因應現在人晚婚而推出的建案，除了可確保家人之間的隱私之外，又有全家人可以齊聚一堂的空間。該公司並以「人多熱鬧，歡樂無限——比起二代宅，二．五代宅樂趣更多」為號召，積極開拓市場。

## 加強世代溝通的集合型住宅

積水建設集團的積和不動產所經營的「古河庭園大型社區」，則是結合附加服務的高齡者住宅與親子型住宅的公寓大樓。這個建案的設計理念在於雙薪家庭的夫妻白天能將小孩託父母照顧，下班後立即接回自宅。

由於該建案是集合住宅，所以除了祖父母、親子等三代家庭成員的交流以外，社區的中

庭等公共設施也很適合各個世代彼此認識、聯絡感情。然而站在企業主的角度，若想讓這類複合型住宅發揮加乘效果，就必須設立優良的管委會，謹慎管理各世代間的溝通與交流狀況。

## 集結不同年齡層的「由加利之丘」

此外，由千葉縣佐倉市的山萬不動產公司所推出的大型社區「由加利之丘」則是標榜同年齡層均能安居樂業。該社區的人口結構分布平均，包括十歲、二十歲、三十歲、四十歲、五十歲與六十歲世代。

如多摩新市鎮等這種於日本高度經濟成長時期蓋好的社區，一九七〇年代初期剛推出時，主打客層就是育有子女的團塊世代家庭。因為社區居民的年齡層幾乎相同，歷經四十多年後，目前已成為一個以高齡者為主的地區。相對於此，由加利之丘的設計概念則是長期注重人口結構的平衡，開發建案或招募住戶時特別在乎各個世代的比例。

此外，該社區附近的鐵路也由山萬不動產自行鋪設，車站旁並設有托兒所等設施，吸引家有幼兒的家庭入住。順便一提，該公司所鋪設的鐵路已捐贈給佐倉市。而隨著高齡住戶的增加，該公司也增設相關的配套設施，確保他們能在已經住慣的社區裡繼續安居樂業。換言之，該公司的目標就是打造一個「在地老化」（ageing in place）的社區。

## 4 引進海外的成功經驗

將海外暢銷商品引進日本的手法常見於外食、成衣、零售等業界。先前說過的女性專用健身俱樂部可爾姿就是針對銀髮族所開發的典型案例。

### 源自美國的居家照顧服務

日本樂清（Duskin）從二〇〇〇年五月起推出的「居家照顧」（home instead）是與美國的Home Instead Senior Care®合作、針對銀髮族所推出的服務，主要內容包括協助高齡者處理日常生活大小事、做家務等，但無法申請政府給付，須由使用者付費。居家照顧服務內容如下：

● 照護失智症病患或夜間看護
● 看護或陪伴
● 幫忙辦理醫院或其他設施的出入住手續等事宜
● 陪同外出或就醫
● 輔助進餐、料理、購物或打掃等居家雜務

以上服務不在社會照護保險涵蓋的範圍，因此消費者需全額自費。一般標準收費為每次兩小時六四八〇日圓（含消費稅，二〇一四年四月的金額）。與政府的照護保險相比，給人「不太便宜」的感覺。

此外，該公司也一天二十四小時、全年無休地提供不給付的隨身照顧等生活支援服務，因此只要經濟能力許可，可說是相當方便。

如何針對潛在客層宣傳服務的便利性，應該是該公司今後事業成長的關鍵吧。就中長期來看，日本政府因財政困難而研擬取消由照護保險來給付看護酬勞，因此今後這類自費型看

護服務的市場需求，應會日漸增加。

## 退休社區在日本做不起來?!

另一方面，國外的銀髮族商品到了日本卻失敗的典型案例就是「退休社區」（retirement community）。所謂的退休社區，指的是美國、加拿大、澳洲等國的大型養老院。其中一處的容納人數甚至高達三千人。

退休社區可分為CCRC（長期退休照顧社區，Continuing Care Retirement Community）與AARC（健康高齡者退休照顧社區，Active Adults Retirement Community）等兩大類。在美國，壓倒性以CCRC居多，而亞利桑納州知名的太陽城（Sun City）則屬於AARC型的社區。

日本企業也曾於二〇〇〇年左右推出這類型的退休社區，但至今尚未出現成功案例。目前最接近美式退休社區的是千葉市稻毛區的「稻毛智能社區」。

然而平心而論，該社區根本不能稱做CCRC。CCRC必須包括提供照護服務的輔助式生活住宅（assisted living）與接受重度身障高齡者的技術性護理之家（skilled nursing facility，相當於日本的照護機構）。

話說回來，稻毛智能社區雖有提供到府照護服務的公司進駐，卻缺乏相關的協助或照護設施。因此，當住戶屬重度等級以上的患者時，也只能自掏腰包，搬去其他照護機構。

## 日本為何無法成功複製美國經驗

我個人認為退休社區很難在日本推動。其中最大的原因在於，美日兩國的市場結構與文化不同。

如前所述，美式退休社區的居住型態可分為以下三大類：

(1)住戶健康而能自立的獨立式居住設施（independent living）

(2)住戶需要協助的輔助式居住設施（assisted living）

(3)住戶為需照護之重症患者的技術性護理之家（skilled nursing facility）

以上三種均能增設餐廳、健身俱樂部、醫院等設施。

另一方面，日本則分為「長青型」或「長期照護型」、「混合型」（結合長青型與照護型）等兩大類。嚴格來說並無「輔助型」的支援型住宅。即使企業宣傳輔助型住宅，事實上提供的也只是照護服務而已。

在日本的混合型付費養老院中，入住長青型住宅的人大多身體不是十分健康，而需要有人從旁幫忙或陪伴。總而言之，入住長青型住宅的是那些即將需要長期照護的人，而真正身強體健的人卻是繼續住在自己家裡。這就是美式退休社區與日本養老院在居住型態上最大的差異所在。

此外，日本人也不習慣美國人的「聚會文化」。走訪日本的高級養老院便不難發現內部大都附設豪華吧檯，但幾乎沒有住戶使用。因為有辦法入住這類養老院的人，一般都會避免在院中與其他人同飲作樂。

而另一個原因在於，大部分住戶也會盡量避免公開談論爭議性話題，以免傷害彼此感情。基本上，養老院是共同住宅的一種，住戶間一旦產生爭執，彼此就不能安心居住。因此，公共空間的使用率與美國相較起來，便少了很多。我以前曾參觀過一家高級養老院，那裡的吧檯最後只用來擺放水果。

過去日本也引進不少國外的銀髮族服務。有成功者也有失敗者，原因不一而足。順便一提，樂清亦曾引進美國的Mister Donut並成功席捲市場。另外提供讀者參考的是，在美國其實是Dukin' Donuts比Mister Donut更受歡迎。但Dunkin' Donuts進軍日本後業績一直不見起色，最後只能黯然退場。由此可見，在美國暢銷的商品不一定會在日本大賣。

就退休社區而言，事業成功與否的分界點在於排除市場結構與文化的不同，而且絕大多數都取決於「經營者的實力」。總的來說，能夠發揮「天時、地利、人和」並引導事業邁向成功的關鍵，除了經營者的手腕以外，別無他法。

# 5 新法上路、法規鬆綁之時，商機應運而生

隨著公家照護保險制度的施行，新法律或制度上路，乃至法規放寬等，都能催生出新的市場。如能善用這些機會，進軍新事業之路想必會輕鬆許多。

## 公家照護保險制度催生出長期照護市場

日本以推出兒童教育月刊而聞名的倍樂生集團（Benesse Corporation）看準二〇〇〇年日本政府實施公家照護保險制度的時機，正式跨足高齡者住宅與照護領域。時至二〇一四年四月，該公司本業的《紅筆老師》業績開始下滑，旗下的付費養老院卻獨占業界龍頭，銀髮事業反而變成倍樂生集團最賺錢的事業。

與倍樂生同樣以銷售兒童學習教材為主的學研出版，有鑒於市場因少子化而日漸萎縮，

也透過子公司跨足高齡者住宅市場。該集團一樣搭上了政府實施新制的時機。二〇一一年十一月，日本國土交通省結合過去高齡者專屬的租賃型住宅（簡稱高專賃）、高齡者圓滿入住型住宅（簡稱高圓賃）與高齡者優良租賃住宅（簡稱高優賃）等三類的內容與服務，新推出了「服務型高齡住宅」制度（簡稱服高住）。所謂的服高住，是依高齡者居住法的規定進行登記，結合照護與醫療服務，提供高齡者安心服務的無障礙結構住宅。

學研創業以來原本與高齡者住宅完全沾不上邊，卻懂得看準時機進場，因而成功創造新事業與開拓新市場，在短短幾年之間，躍升為服高住領域的龍頭企業。

## 生前贈與不課稅與安樂死合法化帶來的龐大商機

日本政府自二〇一三年四月起，祖父母贈與孫子的教育資金低於一五〇〇萬日圓以下者均不課稅。截至原書二〇一四年四月出版時，三菱UFJ信託銀行預估能簽下二萬九〇〇〇份合約，而三井住友信託銀行則約二萬份左右。日本四大信託銀行的贈與金額合計約四三〇〇億日圓，合約數高達六萬五〇〇〇件。當時銀行界原本預估到二〇一五年底為止，應有五萬四〇〇〇件左右的簽約需求，但僅僅一年就突破預期標準。

我個人覺得這個制度原本似乎是為了資金充裕的富裕階層而設計的，但實際效應更大，影響範圍遍及其他階層。此制度刺激消費者「省多少是多少」的危機意識，導致簽約數大增。過去信託銀行界對於金額數千萬的小型交易往往不感興趣，但藉著此次法規修改的契機，而改變原本的經營方針，開始提供各種相關服務。

另一方面，近年來在日本引起廣泛討論的「安樂死」一旦立法，應能衍生出新的商務機會。例如「預簽拒絕急救意願書」的代辦服務或「終活[1]套裝服務」等商機。

如上所述，新制的實施或法規放寬，都可能是新興市場崛起的契機。

---

1 「終活」源自日文，意指準備臨終事宜的活動、具體的規畫人生的最終章。

# 6 自家強項與市場區隔

## 規畫新事業的鐵律

從自家公司的強項思考如何讓事業差異化，除了適用於銀髮事業以外，也是規畫任何新事業的鐵律。大部分企業跨足銀髮事業之初，都是從市場調查開始。然而，市調結果縱使顯示出有潛力的商業幼苗，卻很有可能礙於自家公司缺乏必要的經營資源，而只好無奈作罷。因此，在規畫新事業時，能確實掌握自家公司的強項，並思考如何善加發揮，以便徹底做出市場區隔，才是成功的捷徑。

舉例而言，在日本最大旅遊公司Club Tourism的情報誌上都刊有廣告的有償志工活動「環保員工」（eco staff）。Club Tourism宣稱該公司的銀髮會員有三百萬戶、總人數高達七百萬人。但這些會員都無需支付會費。只要參加過Club Tourism的觀光行程就會自動成為會員。換言之，所謂的環保員工，本來就是Club Tourism的會員。

## 將會員變成員工與忠實顧客

Club Tourism的會員每個月都能免費收到《旅遊之友》雜誌。該公司除了用比郵遞更便宜的電子郵件通知，並聘用「志工」親自遞交給住在自家附近的會員。這些志工一邊宅配雜誌，一邊與會員聊聊共通的旅遊話題，藉此掌握會員的家族狀況等市場資訊。

根據雜誌的派送數量，志工們每次可領取數千到數萬元日圓不等的酬勞。這份工作既與自己喜好的旅遊有關，又能賺取一些零用錢，因此廣受銀髮族會員的喜愛，在東京首都圈就有約八千位活躍的志工。

此活動的重點在於，即便支付志工薪酬也能讓《旅遊之友》的運費成本，比宅配或郵寄來得低。除了成本考量外，還能提高顧客對Club Tourism的忠誠度，讓他們更踴躍報名參加旅遊行程。Club Tourism所創的這個行銷手法，除了發揮該公司在銀髮客層上的強項，還開發出獨特的市場區隔，建立差異化優勢。

# 7 在地強項與市場區隔

就我所知，能開拓新事業的企業或個人，都是不拘泥於舊有流俗或一般常識，而能成功做出市場區隔。因此，我們不難發現有不少成功例子都能將該公司或在地的特色，轉變成自家強項。

## 窮鄉僻壤也能開闢財源，找到生存之道

長野縣因「烤蕎麥餡餅事業」而聞名的「小川之庄」就是最好的案例。小川之庄，店如其名，位於長野市西側的小川村，人口不到三千人，其中六十五歲以上的高齡人口逾一千三百人，高齡化比例高於四三%。該村雖稱不上窮鄉僻壤，但也非常「鄉下」。

小川村位於山谷間的傾斜地。我自己也曾走訪過，剛抵達當地的心情頗為忐忑，很懷疑

這種地方是否真能發展烤蕎麥餡餅事業。因為，當地土質真的不適合耕種。

然而，需要為發明之母，身處逆境正是智慧的開始。能在傾斜地種植的農作物只有大麥或雜糧，因此村民就把大麥、蕎麥等雜糧揉製成麵皮，裡頭包著無論條件多惡劣都能種植的野澤菜、山葉等內餡，做成了烤蕎麥餡餅。此外，村民還利用當地盛產的廣葉樹作為烘烤時的燃料。

烤蕎麥餡餅本來是村民家家戶戶自製的點心，並不是拿來賣的。因此，每家麵皮的做法、餡料的種類乃至烘烤的方法都不盡相同。而每一家的祖傳食譜都掌握在當家主母，也就是祖母或外婆的手裡。

然而，鄉下老太太終日為家計與生活擔憂，卻又無一職在身。此時，烤蕎麥餡餅創辦人權田一郎靈機一動，心想若有一個舒適的環境讓這些老太太安心工作的話，不僅能賺錢，還能創造工作機會，可說是一箭雙鵰。因此他便以「當地最寶貴的資源」，也就是以這些老太太為中心，逐步發展出餡餅事業。

小川之庄引以自豪的烤蕎麥餡餅，就是徹底善用在地資源而獲致的成就。

## 外地人比本地人更容易看出門道

德島縣山裡有一個只有兩千多人的小村落「上勝町」，當地品牌「IRODORI」（彩）也是充分發揮在地強項並善用高齡者而成功的「葉子事業」。這是一種涵蓋栽種、出貨與銷售的農業事業，村民們種的各種葉子、鮮花或山菜，配送到日本全國各地的料理店點綴菜餚，襯托出季節感。

不過，這個強項其實不是當地人發掘的。在本地視為理所當然的事，由外地人來看反而更容易挖掘出商業價值。聽說這是現任社長橫石知二有一次在大阪某家高級料亭用餐時獲得的靈感。

當時，他看到隔壁用餐的年輕女性將擺盤裝飾用的葉子小心地用手帕包起來後，才結帳離去。這副情景讓他靈光一現，心想：「這可是商機啊。鄉下多的是樹葉。而且葉子連老年人也能輕鬆摘取。」這就是由外人的眼光才能看出當地強項的最佳案例。

我們能從中學到什麼呢？即「新事業的成功關鍵在於徹底發揮在地的強項」。而且，這個道理也同樣適用於民間企業，請務必切記一點：「新事業的成功關鍵在於徹底發揮自家公司的強項」。至於能夠發揮到什麼程度，則取決於經營者的格局氣度。

## 8 善用企業結盟，開拓銀髮市場

自家公司即使沒有銀髮客層也能透過策略聯盟，將合作企業的銀髮顧客當成自己的顧客群。

### 養老院與花店攜手合作

接下來要介紹的是是從事付費養老院日間服務的Us Partners與專營鮮花銷售的日比谷花壇，兩家企業攜手合作開發事業（collaboration）的案例。兩者合創的事業主要是以Us Partners養老院的住戶或接受日間服務的高齡者為對象，開設插花教室。

參加插花課程的高齡者都可以取得插花資格證書。而更重要的是，熟齡人士在接觸各種花卉以後，很可能會思考一個問題：「自己的葬禮想用什麼樣的花卉裝飾？」Us Patners除了能因此提高養老院住戶的滿意度外，日比谷花壇也能獲得潛在顧客。

就連先前提到的可爾姿，也有化妝品公司或食品廠商委託他們針對健身房六十萬的中高年女性會員，進行樣品調查或市場適用調查。而Club Tourism也因為擁有七百萬會員，且其中高達七成住在東京首都圈，因此接獲許多家公司的合作提案，希望能觸及該公司廣大的顧客群。

即使自家公司沒有銀髮客層，但只要能鎖定那些擁有數十萬銀髮族顧客的公司，並與之結盟，接近顧客的管道就此確立。

## 將「顧客能否接受」列入優先考量

然而，此時更要注意合作企業的顧客能否接受自家的商品或服務。

例如某家壽險公司與擁有廣大銀髮族會員的旅行社合作之後，旅行社就接到了許多會員客訴，像是：「我是對旅遊有興趣才加入會員的，怎麼老是寄一些跟旅遊無關的文宣給我？」「你們開旅行社的目的是想詛咒客人早死嗎？」

如果業主能提供旅行箱、健走鞋等與旅遊密切相關的資訊給顧客，就不會引發客訴了。

想接觸合作企業的客層之前，應該先確認他們接受自家產品資訊的意願。

Chapter

# 4

# 如何透視銀髮族真正的需求？

## 市場調查無法分析的銀髮市場

負責銀髮商務專案的行銷人員常常問我：「銀髮族到底需要些什麼？有什麼需求？」而他們也會不厭其煩地進行各種市場調查以尋求解答。本章中，我將為各位讀者說明何謂市場調查的極限與掌握銀髮族需求的必備要件。

# 1 市場調查各有極限

## 市場調查的極限

書面問卷調查可說是市場調查最常採用的方式。然而，這種調查方法不僅耗時費力，而且所費不貲。因此，目前逐漸可見以「線上問卷調查」取而代之的態勢。

線上問卷調查可大幅降低書面調查所需的時間與人力，因此除了一般企業以外，日本知名報社的問卷調查也開始以網路為主。這種趨勢不禁讓人以為線上問卷調查是一種為因應企業降低成本的需求，而廣泛運用的工具。

然而，不少行銷人員對於線上調查的結果是否有助於新品研發，卻抱持保留的態度。因為在研發新產品時，不論事前多麼縝密地做市調，實際上叫好不叫座的案例比比皆是。

## 市場調查失靈的原因

其實，行銷面之所以不如預期，背後自有各種不同的理由，不能完全歸咎於市調有誤。但話雖如此，我們卻不難發現在很多情況之下，市調早已失靈。

市調結果產生偏差，追根究柢是因為不論哪一種市調方法都有其極限。若我們忽略這個極限，只顧囫圇吞棗地吸收市調結果時，就會提高商品滯銷的機率。值得注意的是，線上問卷調查方法的限制更大，常讓市調結果流於空談。

所謂的線上問卷調查，是指利用網路所進行的問卷調查。因此，線上問卷調查的極限是：①「一般問卷調查的極限」加上②「線上問卷調查的極限」。接下來就讓我們依序來一探究竟。

## 2 問卷調查首重「確認事實」

### 不曾有過的經驗會影響「作答」

問卷調查法的前提若是「確認受訪者的實際狀況」的話，就只有在受訪者誠實回答的情況下，才能發揮功效。例如回答性別、住址、年齡、出生年月日、資格等資訊。

然而，若問卷調查的題目是「希望」或「意願」等受訪者未曾經歷的內容，調查結果的可信度就會更低。

比方說，某家旅行社針對四十歲到六十歲的受訪者提出如下問題：「您想去國外小住數月嗎？」「回答是的人，您會選擇加拿大、澳洲、泰國或是馬來西亞？」「如果預計暫時住在海外的話，您會準備多少預算？」等。

填寫問卷的人未曾使用過問題所提及的商品或服務時，就會因為缺乏實際經驗而找不到「明確的判斷標準」，通常會不太願意回答這類問題，降低了問卷調查的可信度。

假使我們再問先前問卷的受訪者：「年紀大了以後，您想住在鄉下或城市？」得到的答案也同樣不可盡信。問題就在於不該問還不到那個年紀的人老後的狀況。當受訪者無法想像自己老後的狀況時，當然不知如何回答。順帶一提，在第一章的圖1－10中，五十歲的女性中之所以有高達二八・七％回答「不知道」的理由，即肇因於此。

在此狀況下，受訪者就容易產生「不知道題目在問些什麼，隨便回答就好」的心態。而這種心態讓受訪者在回答自己陌生的領域時，容易影響調查結果可信的程度。

## 答案的可信度與選項

另一方面，受訪者即使對於問題本身有過類似經驗，但有時也會因為答案選項不符合自己的狀況或想法，而不知如何作答，因此降低答案的可信度。

例如問卷調查的題目是「您在何時會想運動呢？」答案為①轉換心情，②身心疲累，③

心情不佳，④體重增加，⑤運動不足等五個選項。

如果回答這個問題的人正好手邊的工作急著收尾，又事事不順時，會選擇哪一個答案呢？我猜大部分的人都會選①吧，但相信選擇⑤的應該也不少。如果覺得工作煩悶、索然無味的話就可能選③。而如果某人腦中風後幸而康復的話，可能就會為了復健而運動，卻因為沒有合適的選項而略過不答。

問卷調查的選項設計，會直接影響作答的可信度。事實上，除選項以外，問題本身或整體文章脈絡的優劣，也將大幅左右作答內容。

有些題目的設計能夠引導受訪者在作答時逐漸投入，不自覺地對問卷主題產生興趣，激發受訪意願。反之，有些問卷的內容並非受訪者平日關心的重點，因而完全激不起他們的興趣。就我所知，這世上有一大半的問卷調查都屬於後者。

一般而言，填問卷並不輕鬆，我想受訪者大都希望草草了事。因此，題目的多寡或作答方式的簡單與否也會影響答案的可信度。

當一個調查主題設計太多問題時，受訪者很可能答到一半就不耐煩了。此外，像是意見欄的欄位過小、不易書寫等因素，也會降低回答意願。

不少問卷調查就是未能充分了解這些特性，而眼睜睜錯失了原本應蒐集到的重要資訊。

## 受訪時的心態，足以左右可信度

此外，「受訪者填寫時的心理狀況」也是降低問卷調查答案可信度的另一個理由。

例如前述的問卷題目：「您在何時會想運動呢？」即使不同人都選擇了一樣的答案，其背後的因素卻可能各自不同，無法一以概之。有人或許是因為讀了某位知名歌手腦中風後靠著復健、奇蹟似復原的報導，才對運動產生興趣；也有人或許是因為看到報紙寫著某個與自己同齡的人因運動過度、心臟病發作猝死的消息，才開始想要運動。

因此，問卷調查的答案與消費者的實際行動時常相左。假如問卷調查的題目是：「若健身房的月費低於一萬日圓時，您會報名嗎？」可能會產生一種狀況，那就是回答「是」的人實際去健身房聽取說明後，卻興趣缺缺，即便月費降到六〇〇〇日圓依然無動於衷。因為受訪者在回答問卷調查與實際去聽取簡介時，會因為某些因素而在心態上有不同的轉變。

# 3 網路調查須排除成見

## 網路調查無法獲得親筆意見

不過，線上問卷調查卻有三大極限。第一是錯失類比資訊（analog，手寫資料或書本、手冊等印刷品的資料，不能直接用電腦進行編輯），第二是輸入介面容易產生問題，第三是容易對母體（調查對象）產生先入為主的成見。

首先，極限一是錯失類比資訊。書面問卷調查的資訊之所以超乎我們想像的具有價值，是因為有意見欄讓受訪者自由書寫意見。此外，手寫的好處是可透過字體濃淡、書寫方式或筆跡等蒐集多方面資訊。這些親筆意見容易表現出受訪者填寫問卷時的心情或氣氛，其蘊含的價值遠高於文字本身。

相對來說，線上問卷調查卻完全缺乏這些類比資訊。當我受邀演講或擔任研討會的講師時，常有機會瀏覽聽眾的問卷調查。對於講師而言，這種問卷中最具參考價值的是手寫的意見。

例如問「您覺得今天的演講有收穫嗎？」答案選項大多不脫「非常・普通・少許・完全沒有」等，參考價值不算高；若能接著問「為什麼覺得非常有收穫？」並有空白欄位可供發表，就能獲得許多寶貴的意見，遺憾的是很少有問卷如此設計。

事實上，意見欄最能引導聽眾說出心聲，透視他們對於該場演講或研討會滿意與否。因此，一份無法供受訪者抒發感想的問卷調查是不太具參考價值的。

## 要高齡者敲鍵盤打字填問卷……

極限二是輸入介面。目前日本六十五歲以上高齡人士的上網率與前幾年相較之下，可說是急速上升。然而，超過六十五歲的人通常較偏好手寫，習慣鍵盤輸入的人仍不算多。這是因為即使上網率提高，但他們對於電腦與輸入介面的使用依然無法得心應手。對於老年人而言，如果他們必須打字輸入自己的意見時，回答意願就會降低許多。

最近蘋果公司推出的Siri等聲音辨識技術比以前更為發達，讓用戶不靠鍵盤也能輸入文字。但不論如何，打字總是一件麻煩事，因此使用者一直不多。

## 調查者容易將刻板印象強加在受訪者身上

極限三是容易對受訪者產生先入為主的成見。習慣進行線上問卷調查的公司喜歡透過會員登錄的個人資料，來掌握受訪者的屬性。同時也會依不同調查主題徵求受訪者，並提供一定的酬勞以確保母體數夠大。

然而，此方法的缺點是容易在幾個層面上對受訪者產生成見。其一是調查主題的內容嚴重降低母體的數量，甚至無法利用統計學的「大數法則」進行調查。

其二是不少人成為會員的動機只是為了領取酬勞，因此容易降低問卷調查的可信度。換言之，這些受訪者都是「老手」，看到問題往往會萌生「又是同樣的問題，隨便回答就好」的心態。

此外，如第二個理由所述，接受網路問卷調查的母體大多「擅長使用IT器材」，因此不太會排斥用電腦打字。就某種意義來說，這也會讓母體的立場不夠中立。

上述看法並非想否定問卷調查的方法論。我想說明的重點先前也曾提過，當你想確認受訪者真實的狀況時，除非受訪者提供千真萬確的答案，否則就無法保證其可信度。問題就在於市調單位能否認清線上問卷調查法在結構上的極限，並依此特性設計合適的題目或進行調查。

事實上，除了問卷調查以外，類似團體訪談或焦點團體（focus group）等市調方式，也都各有各的極限所在。這是所有調查專家都心知肚明的事實。然而，最近出現了不少只會用線上問卷調查的業餘人士，委託這些人進行調查時應格外注意。

# 4 團體訪談須重視每個人的意見

## 多數意見再好，卻是中看不中用

不少企業喜歡在研發或推出新品前，利用團體訪談（group interview）進行市場調查。然而，我認為這種手法完全無法探知消費者真正的心聲。

理由在於市調公司選擇的對象不一定足以代表消費者或目標客層。此外，有些受訪者為酬庸性質，作答時難免會選擇企業想聽的答案，或是故意發表一些無關痛癢的消極意見。基本上來說，很難單純以一介消費者的立場，真實地回饋意見。

團體訪談還是有其效果，不過僅限於詢問某種食品「好吃或不好吃」，或是某商品「想買或不想買」等一翻兩瞪眼的場合。此外，如《活力》雜誌所舉辦的年夜菜試吃會一樣，必須讓參加者認為自己屬於小組成員之一，才能產生歸屬感，並暢所欲言。

為了取得有用的顧客意見，問卷題目應盡量能讓顧客具體回答。如果只是單純詢問「您覺得如何？」這樣抽象的問題，那受訪者當然只能天馬行空、隨心所欲地回答，最後得出的答案將毫無參考價值。類似這樣回收的意見並不是顧客具體的需求，充其量只是「看似需求，但事實上卻派不上用場的多數意見」。

在年夜菜試吃會中，參加者眼前會出現各式菜餚，讓他們一邊欣賞、一邊品嘗，同時發表意見，而這時所得到的意見就具有高度的參考價值。

## 5 建立直接了解顧客需求的組織架構

### 九成市場調查毫無用處

常有人問我該如何切入銀髮市場？我能提供的最佳答案是：首先必須看清顧客的需求。

一般而言，當大企業想要進軍銀髮市場時，第一件事就是委託市調公司進行問卷調查或團體訪談。然而就我所知，這些調查結果中，有九成派不上用場。

這是因為被委託的市調公司對於業主想在銀髮市場推出何種商品或服務，甚或透過何種通路行銷，大多缺乏了解，他們的職責只是先調查一下市場狀況而已。

假使企業有市調委外的預算，倒不如將這筆錢用來建置一個可以直接了解市場的架構，而不是透過量販店或大小盤商，來了解自家公司所製造的商品是以何種方式賣給終端用戶，或者市場反應如何等。

然而，日本長久以來被業界成規等潛規則所束縛。例如日本家電業中有製造商、批發商、量販店與連鎖店、零售店，還有終端用戶等；如果漠視這個排序就會破壞商業成規，若試圖改變這種既有的架構，連製造商也要猶豫再三。不過，即使是製造商的經營高層也相當清楚今非昔比，目前已到了不得不改頭換面的時候了。

## 善用客服中心探知潛在的消費者需求

有沒有什麼有效的方法，可以讓製造商在不破壞既有商業成規的情況下，直接掌握銀髮族的消費需求呢？答案是有的。

製造商直接擁有郵購公司就是一個可行的辦法。而且郵購公司可以委外處理，但類似客服中心這種與顧客有所接觸的單位則絕對要直營。事實上，接觸或回覆顧客原本就是員工該親力親為的工作範圍，而這也是重點所在。所有業績能夠成長的郵購公司都是透過這種手法營運的。說得更具體一點，客服中心扮演兩個重大角色，其一是處理商品付款等事務性的手續。然而若僅是如此而已，其實只需委託電信公司代辦即可。

另一個角色則是回應顧客對商品諮詢或客訴等個別需求。此部分就不應委外經營，務必盡量由與生產線相關的員工擔任客服角色。因為客訴或顧客需求都代表消費者真正的心聲，極其寶貴，而且是市調公司或廣告代理商透過市調無法獲取的資訊。但一般而言，這些客戶意見都會卡在零售通路，而無法直接回饋給業主。

企業應靈活運用此架構，直接取得消費者欲傳達的資訊，並據此研發商品。當新品在試作階段時，可先在直營店等店鋪試賣，調查市場反應。然後，從中嚴選受歡迎的商品鋪貨給各大量販店，正式推出上市。

銀髮族顧客的基本需求是消除「三不困擾」（不安、不滿與不便）。但顧客內心的這些「不」，沒有直接與他們接觸，終究無從而知。

## 製造商的零售店化

近年來，日本的零售業，除了全國品牌（national brand，指製造商的產品）以外，自有品牌（private brand）在賣場上架的比例也越來越高，可說是零售業的製造商化，這種演變讓消費者遠離製造商的趨勢越加明顯。

誠如零售業者藉由自有品牌製造商化一樣，製造商也應抱持零售業化的想法。因為若不朝零售業發展，一旦大量生產的商品滯銷時，就只能拚命調整庫存。製造商應設法改變傳統作法，反過來併購那些因經營不善而求售的超市或便利商店。總之，目前製造商需要的是大刀闊斧的創新之舉。

以家電製造商為例，這個時代不再需要去模仿同業Sony（索尼）或Toshiba（東芝），而是應向永旺或統一超商等零售通路商看齊。這是製造商目前最需要的創新思維，即使將自己定位為專門銷售家電製品的便利商店亦無不可。創造一個新的業界型態，才是製造商現階段一定要做的。

## 6 「知己知彼」才是致勝關鍵

### 從熟齡族群的「狀態變化」，判讀真正的需求

如第一章所述，銀髮族的消費行為，並非取決於「年齡」，而是銀髮族特有的「變化」。進軍銀髮市場時，務必徹底掌握銀髮族真正的需要與其理由。因此，在這個瞬息萬變的社會中，企業應該發揮想像力，實際追蹤銀髮顧客可能因何種理由而產生什麼變化。

在第一章中，我曾提及日本滿六十五歲仍繼續工作的人有增加的趨勢，這個現象不同於「二〇〇七年的社會問題」。而二〇〇八年所爆發的雷曼兄弟破產風暴，造成日本國內景氣低迷，不少銀髮族對於未來有強烈的不安感，因此想趁著身強體健盡量工作賺錢。這種變化無關年齡，而是時代背景所致。

## 商品行銷手法與消費者反應

最佳的行銷手法是員工有機會直接與潛在用戶接觸，推銷自己想賣的商品。如此一來，就能親自去了解、體會顧客的想法，取得問卷調查無法察覺的情報。

我過去曾幫某家高級養老院推廣業務。當時來參觀的銀髮族都讚不絕口地說：「這裡好漂亮啊。我一定要跟你們簽約。」而那時的說明會都會免費供應豪華餐點，因此參觀者自始至終都興致勃勃，問卷調查的回覆也以正向居多。

然而，一旦真正與顧客接觸並洽談，情況卻會一百八十度大逆轉。後來經我私下詢問的結果發現，大多數人會因預算考量、家庭因素等問題而放棄。越是昂貴的商品，這種情況越常見。由此可知，問卷調查的結果跟真實銷售的情況簡直背道而馳。因此在行銷商品時，只有將實際的商品與價格公開化與透明化，才能確實洞悉第一次消費的買方到底在想什麼。

## 洞悉銀髮族需求，你一定要知道的「銀髮人性學」

即便如此，我們也可以從高齡消費者與家人的關係，來推測成交的可能性有多高，如高齡消費者與兒女意見不合、夫妻感情不睦等。如能事先對這些家庭狀況有所了解，準備好因應對策，顧客說不定會受我們感動而決定簽約入住安養中心或是掏錢消費。

一般而言，凡是上了年紀的人，生活上一定會有某些問題，例如與家人感情不好、自己或家人身體欠佳、繼承問題、獨居等。若不能將人類這些細微的心境轉折視為理所當然，並試著去了解的話，就很難理解他們的消費行為。譬如說，你知道六十歲或七十歲世代是怎麼看待這個世界的嗎？他們會如何經營自己下半輩子的人際關係？

想徹底掌握中高齡消費族群，終歸一句話，就是「知己知彼」。換句話說，若想進軍銀髮市場，就必須先正確掌握銀髮族的需求。是以，**透視「銀髮族的人性」，深入了解高齡者的內心世界，處處為他們著想，就是搶攻銀髮商機的不二法門**。

Chapter

5

# 如何開發銀髮族的「個人化商品」？

## 團塊世代就是團「壞」世代

# 1 了解自家商品屬於何種「微型市場」

開發銀髮商品時，如果將「銀髮族」一視同仁，就無法生產出讓每位銀髮族真正接受的商品。過去越是習慣大量生產、大量運輸與大量消費模式的企業，越難扭轉這種根深柢固的觀念。企業必須徹頭徹尾地改變想法，掌握一小群「個別顧客」並從中發揮創意。誠如第一章所述，企業需要觀察的不是泛指「團塊世代」的整個大團體，而是思考如何打散、解構那一整個「團塊」，把他們變成「團『壞』」世代，再從中找出適合他們的商品型態。在本章中，我將說明如何尋找「各個」銀髮族都能接受的商品，以及研發的切入點。

## 暢銷「樂樂手機」也有舞台

反觀來說，NTT docomo並未將銀髮族視為「大眾」，而是將他們視為一個「微型市場的集合體」，因而推出了「樂樂手機」，締造總銷售量二千一百萬台以上的佳績。在智慧型手機推出以前，樂樂系列在日本每月的行動電話銷售排行榜上，至少有一項名列前十名。

樂樂手機自一九九九年十月上市到二〇〇五年左右，業績扶搖直上。然而，當時NTT負責的單位卻找我諮商：「我們覺得樂樂系列不能一成不變。您覺得我們接下來應該設計什麼樣的手機，或是推出幾款機子才好呢？您可否協助我們找出行銷的重點與思考模式，告訴我們該朝哪個方向進行研發？」

我後來陸續與他們開過幾次會，而讓我印象最深刻的地方是，他們當時並未確切掌握「銀髮族用的行動電話需要些什麼功能？」於是，我們檢討了各種可能性，針對行動電話與高齡者體力衰減的關係進行了各種調查，花了不少時間才找到一個恰當的市場切入點。

## 銀髮手機市場是「多樣化微型市場的集合體」

我們經過反覆的嘗試與失敗之後，總算理出了頭緒。當我們針對六十歲以上的客層，分析過大量數據後，決定以「必備功能」與「每月通話費」為切入點，並發現整個市場可劃分為十種類型左右。

這就是「銀髮市場是一個多樣化微型市場的集合體」的實際狀況。當我們進一步分析時，這些顧客群又能區分成「低階」（low end）、「中階」（middle end）與「高階」（high end）等三大類型。

屬低階用戶的銀髮族只需要兩、三個功能，包括接打電話、收發郵件簡訊與照相攝影而已，每個月的通話費約在二〇〇〇至三〇〇〇日圓左右，這就是所謂「基本月租費＋a」的類型，適用於使用需求最小的用戶。低階用戶大多是退休後無業的男性或家庭主婦。對他們來說，行動電話只是用來緊急聯絡，因此他們的手機只要具備基本功能即可，每月通話費越便宜越好。

另一方面，高階用戶想要的功能則有五到六個，如接打電話、收發郵件簡訊、照相攝影、上網、收看有線電視與電子錢包等。他們是所謂的高用量用戶，每月通話費約為五〇〇〇至一萬日圓。行動電話對他們來說是工作的必需品，通常以商務人士或男性經營者為主。在這兩種用戶之間還有中階用戶，他們大約需要三到五個功能，每月通話費在三〇〇〇至五〇〇〇日圓左右。

專案小組發現這個結果時都大吃一驚，並首次領悟到一個道理：「原來就算是銀髮市場，也非常多樣化。」他們在開發樂樂手機系列時，並未針對銀髮族特別設計，因此商品概念相當籠統，主要訴求為：「大按鍵・操作方便」、「大字體・清楚易讀」、「大音量・好音質」、「好拿不滑手」等。他們以為只要能夠應付老花眼、重聽或沒有力氣等年齡增長所引起的體力衰退，設計一個泛用機型，便是「適合銀髮族」的商品。

## 新一代「樂樂手機」席捲市場

截至二〇〇六年為止，日本六十歲以上的國民尚有高達六、七成沒有行動電話。因此，專案小組就是看好「潛在市場無限大」的商機，才找我一起思考開拓市場的方法。當時，這些人沒有行動電話的理由大抵是：「找不到自己中意的規格」、「通話費太貴」、「手機功能太簡單，無法滿足需求」或「設計過於老氣」等。

如先前所述，經過我們多角化分析以後，發現銀髮手機市場其實也是「一個多樣化微型市場的集合體」。於是，專案小組便根據此結果，開始研發新的機型，並針對中階用戶重新推出兩款機型，也增加了一款適合高階用戶的機型，再加上低階群組原有的機型，這個系列總共有四款手機。他們針對中階用戶推出的是「樂樂基本款」與「樂樂第四代」（二〇〇七年八月上市）等兩種機型，而針對高階用戶則推出「樂樂升級版」（二〇〇八年四月上市），低階用戶則主打原有的「樂樂簡單款」。

這個產品線的設計，成功贏得市場優勢，尤其是主打中階用戶的「樂樂基本款」與「樂樂第四代」更締造出驚人銷量。二〇〇八年八月，該公司趁勝推出「樂樂第五代」，二〇〇九年四月推出「樂樂基本款II」。每推出一個新機型，手機的功能就更扎實，例如在人聲鼎沸中收訊還是很清楚的「超清晰報你聽2」、讓對方講話聲音速度變慢的「輕聲慢語」、自己的聲音能夠清楚傳達的「超級雙麥」等功能，都讓銷量更上一層樓。

在日本，行動電話單一機種能賣出五〇萬台以上就算暢銷，像「樂樂基本款II」突破二五〇萬台以上（二〇一〇年四月的資料）的銷量，以「超級熱賣」來形容也不為過。

## 銀髮族絕非「大眾市場」

以上案例清楚告訴我們，絕對不能將銀髮族視為一個「大眾市場」。換言之，應該將這個市場重新定位為一個「多樣化微型市場的集合體」，因此企業應該了解自家商品屬於何種「微型市場」。

其他市場亦然，例如針對高齡者開發的住宅市場也是一種多樣化微型市場的集合體。在日本，這個市場受限於政府法規，分成「收費型養老院」、「照護設施」、「服務型高齡者住宅」等不同類型。而就價格帶來看，則可分為「奢華型」、「高級型」、「中級型」、「實惠型」等四個等級；根據入住者的健康狀態又可分為「自立型」、「輔助型」、「照護型」與「混合型」等。

倍樂生旗下的倍樂生風格護理公司（Benesse Style Care）堪稱日本最大的付費養老院。該公司的養老院有多種類型，涵蓋「奢華型」到「實惠型」等各種設施。而中興保全（Secom）的子公司Secom Fort、Alive-care則主打「奢華型」與「高級型」兩種。老字號付費養老院Half Century More則是「奢華型」中的翹楚。就如同居家看護規模最大的NICHII學館以「中級型」與「實惠型」為主一般，每家公司各有各的市場。然而，這只是表面上的市場區隔，想必這些企業今後的課題是找出不同的切入點，進一步明確區隔出商品價值。

順便一提，日本國內的高齡者住宅因為大多適用於公家照護保險，因此有不少法規限制。是以，即便有心進軍這個市場也不容易成為業界龍頭。若企業有心投入此領域的話，最好事先縝密調查，對市場有全盤了解後，再試著與現有業者做出區隔。此外，日本的公家照護保險制度每三年修改一次，所以業者必須確保公司的經營策略能靈活因應新制上路。

因此，大部分成功的民間企業，其商業模式都不會過分依賴公家保險制度。如此一來，即便法規制度有所變動，公司營運方針也無須大幅修正。

# 2 提出完整周全的「企畫方案」

## 三百多種旅遊行程只是基本

我先前也不斷重申，銀髮市場極具多樣性。然而，不管市場有多複雜多元，企業若能準備好各種企畫方案，以因應多樣化的需求，也是一種行銷方法。

Club Tourism就是最典型的案例。該公司雖說是日本歷史悠久、專營銀髮族的旅行社，但剛開始只是隸屬於近畿日本旅遊公司（KNT）的一個事業部而已。他們一度脫離KNT自立門戶，而後又於二〇一三年一月在母公司近畿日本鐵路公司的主導下，與KNT合併。

根據官方資料顯示，該公司目前共有三百萬戶會員，人數高達七百萬人。加入會員免費，每個月還能收到《旅遊之友》雜誌，會員可從五花八門的旅遊行程中，選擇並報名自己想要參加的旅行團。

《旅遊之友》每期都有一個「本月主題行程」的專欄，例如某期就做了「鐵路憧憬之旅」的主題，行程內容如下：

- 三陸鐵路之旅——搶搭四月通車的南北谷灣線
- 舒舒服服迎接出雲的朝霞——搭乘臥鋪特快列車「日出出雲號」
- 搭乘國內首創豪華郵輪式列車「JR九州七星號」，享受與眾不同的頂級奢華之旅
- 搭乘南非豪華列車「羅波斯號」重溫「往日美好時光」
- 搭乘登山火車與纜車一覽德國高峰美景

此外，在「本月推薦之旅」中，包含「在北海道雄偉花園中，享受清晨寧靜之美」、「乘船優雅欣賞煙火——夏季遊艇之旅」、「南國假期魅力無窮——夏威夷火奴魯魯滿載而歸之旅」、「越南世界文化遺產順化皇城、會安古城之旅——越南中部雙城夜之祭」等日本海內

外旅遊行程，描述之細膩完整，讓會員有一種「這簡直是為我準備的行程，真想去看看」的感覺。

此外，若加上《旅遊之友》未刊載的旅遊行程，該公司準備的企畫高達三百種以上，其中還有十人就能出團的行程，限制不多當然也是廣受歡迎的原因之一。

## 確保回客率的同時，也應避免熟客組成小圈圈

Club Tourism提供的行程中，除了該公司自行規畫推出以外，也有會員主動詢問「有沒有這樣的行程」、經雙方討論後而推出的客製化行程。透過雙向溝通而推出的企畫，能讓會員萌生參與感，提高滿意度。例如該公司推出的四國靈山朝聖之旅，就是因為每年的路線都精挑細選，因此回客率極高，也間接地讓常參加的團員們友情升溫。

不過因旅行而交情變好，雖然會讓人有一種歸屬感，卻也不能忽視有些人可能會因為跟團的都是固定班底，而覺得沒有新鮮感。況且，每次參加的人都是熟面孔時，容易產生一種排外的氛圍，讓新成員覺得格格不入。因此在旅遊的過程中，隨時營造出一種開放的氣氛極

其重要。事實上，Club Tourism的名稱由來，就是將各個旅遊行程組成一個小社團（club），召集興趣相投的同好一起出遊。然而，該公司為了避免固定班底容易形成小圈圈而對外封閉，特地利用琳瑯滿目的特定主題，吸引更多新團員加入。

## 零售業的多樣化

在日本，超市等零售業也開始研擬更多的商業模式，以吸引顧客上門。最近的超市、便利商店、藥妝店等零售業者，貨架上的商品均應有盡有，品項齊全，彼此間越來越像。或許是因為他們都千方百計地想吸引顧客上門，所以每家店的氣氛、營業型態與商品都變得大同小異。而一群原本不同的事物變得相似的狀況，就稱為趨同（convergence）現象。

其中，「便利商店超市化」就是一種趨同現象。羅森（Lawson）便利商店推出的「羅森百圓商店」就是很典型的例子。此店鋪店如其名，販售均一價一百日圓的商品，但其賣點是品項更為豐富，也有供應肉品、蔬菜等生鮮食品。而且，羅森也於二〇一四年三月推出新型態的「羅森市場」。「羅森市場」取消「羅森百圓商店」只銷售百圓商品的限制，意圖讓這家店兼具便利商店的方便性與超市品項豐富的優點，成為一個比便利商店規模更大的「進階版便利商店」。

此外，另一個趨同現象的案例是「超市便利商店化」。如永旺推出的「個人購物籃」，便是一種新型態的小型超市。這種超市專門鎖定空間一百五十坪左右、正在求售的便利商店等店鋪，進行改裝而成。架上擺設的均為永旺的自有品牌或生鮮食品。他們雖然不像羅森百圓商店一樣提供百圓均一價，卻以物美價廉為號召，主要客層為附近的主婦、老年人或夜歸的女性上班族。營業時間約從早上七點到晚上十二點，因此也吸收了其他超市營業時間前後的顧客。

## 錯開營業時間的行銷手法

目前日本的超市營業模式出現日間型與夜間型兩種。過去的超市一般都在上午九點或十點開門營業，但不久前伊藤洋華堂或永旺的生鮮部門都提早至早上七點開始營業。此外，有些店鋪也將營業時間延長到晚上九點或十點以後，尤其是車站附近的超市，有越來越多營業到深夜。

超市的營業時間之所以有這麼大的變化，都是因為他們非常重視的銀髮顧客，會因為有無工作或生活型態等因素，而改變上門購物的時間。一般而言，早上來的顧客以退休上班族居多，他們比退休前更習慣早起，因此容易有「去買個早餐吧」或「順便去買個生鮮食品吧」這樣的念頭。夜晚上門的客人則大多還沒退休。這些人即使下班時間較晚，卻因不想餐餐都在外面解決，因此習慣上超市買些簡單的熱食或中食等餐點回家果腹。

目前日本零售業處於競爭激烈的戰國時代。企業必須正確掌握客層，準備不同的商業模式以為因應。

## 3 針對個別顧客，提供客製化商品或服務

為了因應多樣化的客群，企業應根據顧客個別的需求，提供更精緻的客製化商品。其中，東北大學增齡醫學研究所川島隆太教授，與日本公文教育研究會及老人設施共同研發的「學習療法」就是一個成功案例。

學習療法是一種以改善為目的，並能預防失智症的療程。自一九九〇年左右起開始研究，於二〇〇一年完成，歷經各種臨床實驗以後，終於在二〇〇四年正式上市。目前，參加該療程的失智症患者約有一萬五千人，而身心健康但基於預防目的而參加的會員則有五千人左右。日本合計共有二萬人接受這個療程。

此學習療程不借助藥物，而是利用書面教材進行「發音、手寫與計算」來訓練溝通能力（學習療法的詳細說明請參閱拙著《家有年邁雙親的必讀指南》）。

## 想改善失智，首重適材適教

學習療法能有效改善失智症的重要原因之一是，不論症狀輕重與否，學員都必須在十二分鐘的療程中「拿到一百分」。拿到一百分後，陪同練習的小老師就會馬上給予讚美：「某某人拿到一百分囉！好厲害喔！」當人們罹患失智症時，總不免因做錯事而受到責罵，但這對病情並無幫助，只會造成反效果。相對的，學習療法則會在學習結束時，當場肯定學員的學習成果並大力稱讚。

然而，為了讓學員拿到一百分，就需要配合當事人的病情，選擇合適的教材。教材因人而異，就是一種客製化服務。

話雖如此，即便是失智症，其病情輕重也會因人而異。因此，在編製學習療法以前，需要先檢查並評估各個學員的癡呆等級。而國際標準檢查分為兩種，其一是簡易智能量表（MMSE，Mini-Mental State Examination）。MMSE檢查以三十分為滿分，分數達二十七分以上者為健康，二十二到二十六分者有輕度失智的可能，二十一分以下者則判定為罹患失智症等認知障礙可能性極高的人。另一種為大腦前額葉功能檢查（FAB，Frontal Assessment Battery at Bedside）。

該療法以上述兩種檢查的結果為縱軸與橫軸，評估患者的認知機能等級後，決定出最合適的教材。因此該協會設計的教材高達六十種以上。

認知障礙的檢查與實際學習的部分皆由小老師負責。在結束每一次的學習療程後，小老師們會開檢討會報告各自學員的學習結果、學習狀態、反應或表情等。

透過開會檢討，讓小老師們知道如何選擇更適合學員的教材，以作為下回改善之用。整個學習療程會反覆進行到學員取得滿分為止，而最後使用的教材就能成為專為那位學員設計訂製的內容，因此更能有效增進學習療法的效果。

## 激發潛能、挑戰極限，也能有效改善失智

各位聽完上述說明可能會想：「那麼只要使用最簡單的教材，不是誰都能拿一百了嗎？」然而，這樣就無法達到改善的效果。事實上，學習療法是一種動作記憶訓練法，一種

提升人類頭腦記憶力的訓練。在進行這個訓練法時，最重要的是根據病患當時動作的記憶力，透過訓練將能力提升到極致。這都是因為人類動作的記憶能在外力驅使下發揮潛力。

事實上，先前提的客製化教材，內容都經過精挑細選，因而能將學員的動作記憶力激發到極限。簡單而言，選擇的教材必須要讓學員多做一點努力才能取得滿分，同時藉由學習療法提高動作記憶力，達到改善失智症狀的目的。

話雖如此，但教材的客製化卻相當耗時費事。然而，一旦學員的症狀獲得改善，除了學員自己會感謝工作人員，學員的家人同樣銘感於心。這些回饋將激勵工作人員，讓他們更有幹勁與朝氣。當員工活力充沛時，學員也會受到感染而充滿元氣。而且，幹勁十足的員工能促使彼此互相學習成長，進而提升各自的水準與幹勁，讓整體氣氛變得更好。

這種以學員為第一優先，亦即以客為尊、選擇適合個人課程的作法，努力營造優質學習環境，並讓員工致力於提供客製化商品，會形成一個良性循環，除了改善學員家人與工作人員的關係以外，也能提高營運效率，因此經營者與員工才會不厭其煩地提供客製化服務。

## 提供軟體客製化服務的任天堂DS

與上述學習療法採用相同原理的客製化商品，是同樣由川島隆太教授監製的任天堂DS「DS成人頭腦急轉彎」。這個電子遊戲軟體堪稱任天堂的超級熱賣商品，如果加上第二版的話，全世界累計銷售三千三百萬片以上（截至二〇〇九年三月統計的資料）。該商品顛覆了「遊戲是小孩子玩的」傳統窠臼，設計一個大人也可以玩得開心的遊戲。事實上，大人比小孩更想「鍛鍊自己的腦力」，其中又以中高年居多。

DS訓練軟體的主要內容為「音讀、手寫與簡單的計算」，基本概念與學習療法一樣。在學習療法中，小老師是根據事先檢查的認知狀況與教材的使用結果，設計出符合學員的內容。而DS則是根據學習者的訓練結果來決定下一個階段的訓練等級，打造專屬學習者的客製化內容。

此外，在訓練過程中，以川島教授為藍本的卡通人物會根據學習結果，誇獎玩家幾句或是提供建言。事實上，這個卡通人物扮演的就是學習療法中小老師的角色。

諸如這類根據顧客需求而量身訂做的軟體，只要能善用特色，無須太多人力就能達到最好的結果。

## 4 製造「共鳴」，整合分散客層

### 潛在顧客的「價值重疊」

即使顧客的需求百百種，企業仍然能透過製造共鳴，讓消費者動心起念：「啊，這就是我想要的！」而因此成就一番事業。想獲得目標顧客的共鳴，有時可以只靠一個切入點，有時則需數個切入點相互搭配，效果就會加倍。

先前提過的可爾姿健身中心，就是利用喚起潛在顧客「價值重疊化」的需求，產生一種共鳴的結構。具體而言，該中心有以下特色：

㈠以年輕人為主↓**以中高年女性為主**

㈡每次二～三個小時的時程↓**每次三十分鐘＝縮短時間**
㈢月費一萬日圓↓**月費五九〇〇日圓＝便宜**
㈣梳妝打扮↓**無需裝扮＝節省時間**
㈤重力型鍛練器材＝適合男性↓**循環型油壓器材＝適合女性**
㈥以瘦身為目的＝注重外表↓**以健康為目的＝預防臥病在床**

為什麼發掘這種「價值重疊」的潛在顧客有利於拓展商務呢？理由之一是可以一次解決顧客過去所抱持的種種不滿，只要顧客受到某一點吸引，便會提高使用率。古人有云，一種米養百樣人，每個人的不滿都不一樣。例如有些人不喜歡上健身房是因為太花時間，有些人則是嫌貴，還有人可能因為內部的裝潢設計太過新潮而不想去。因此，若企業能夠解決的不滿越多，就越有能力吸引抱持不滿的廣大潛在顧客。

另一個理由是，當顧客因某種不滿獲得解決後而前來，卻發現其他不滿也能順帶解決時，對這家健身房的滿意度就會更高。例如某位女性因為不想跟男性一起健身而加入了可爾姿，又發現一次課程只需要三十分鐘時，就會更喜歡上健身房了。

可爾姿就是利用這種方式補足了一般健身房所缺乏的價值，喚起那些不曾上過健身房的人的共鳴。因此從日本第一家店開幕以後，只花短短八年九個月的時間（截至二〇一四年四月為止的資料）就急速成長，共展店一四一一間，會員數高達六十萬人。

## 眼鏡式放大鏡打破老花眼鏡的刻板印象

銀髮族必備的老花眼鏡也有一個類似的成功案例，那就是Priveé AG公司的「Hazuki眼鏡式放大鏡」。什麼是眼鏡式放大鏡呢？正確說法應該是「戴在眼鏡或隱形眼鏡上的眼鏡式放大鏡」。這種眼鏡式放大鏡，與傳統老花眼鏡或一般放大鏡的差異如下：

㈠擺脫設計老氣的缺點

㈡做成眼鏡造型，無須用手扶持

㈢鏡片沒有弧度，視線更清楚

㈣採用抗藍光鏡片，看電腦或平板電腦時不傷眼睛

㈤一般眼鏡行、百貨公司、量販店或大型書店等都有販售

這款眼鏡型放大鏡與一般放大鏡不同，無需使用雙手，因此對於打電腦、閱讀、工作、手藝、美甲、裁縫等需要用到雙手或從事手工藝的人來說，相當方便。

事實上，「Hazuki眼鏡式放大鏡」早在二十五年前就上市了。當時除了一些顧客外，在市場上並無知名度。然而，Priveé再生集團卻於二〇〇七年將多美公司併購的五家公司之一改組為Priveé AG，並大幅加強市場行銷，終於讓這家公司脫胎換骨。

此外，該公司還聘請上了年紀卻不顯老的演員石坂浩二擔任產品代言人，在日本報紙刊登全版彩色廣告，此外也在電車等交通工具上強打廣告。截至二〇一四年三月為止的銷售量已高達一百萬支，足以稱為暢銷商品。

該公司成功重疊傳統老花眼鏡未曾有過的價值，喚起顧客過去不滿意老花眼鏡的共鳴，因此孕育出一個全新的市場。如同第二章所述，大多數歷史悠久的市場完全無視顧客的變

化，依然故我，而老花眼鏡市場就是其中之一。然而，只要稍微改變一下觀點，就能發現還有許多值得鎖定的目標。

## 「祖父母世代」的行銷手法

企業若想獲得大多數消費者的支持，除了設法提高商品或服務的價值外，為商品「說故事」也極具效果。

永旺葛西店的超市（位於東京江戶川區）在經過大規模整修以後，於二〇一三年重新開幕。永旺將整修後的四層商場命名為「祖父母商城」（以下稱G・G商城），標榜「專為成人設計的『個人天地』」，是一個專屬銀髮族的購物中心。

永旺嘗試移動舊的市場版圖，將五十五歲以上的客層定義為「祖父母世代＝最上層的世代」，讓顧客從「對事的消費」（體驗消費或感性消費）[1]，具體轉變成「對物的消費」（物

---

1 日文原文為「コト消費」，類似英文的experiential consumption，不同於傳統的「モノ消費」（對物

質消費）。G・G的概念力道雖嫌不足，但卻特意用一個故事串連起整個商品、服務與賣場。就這點而言，可說是顛覆了過去傳統超市的作法，因此今後的發展可期。

G・G商城以「咖啡廳」、「文化講座」與「健身」等為主軸，營造一個顧客可悠閒購物的空間。樓層中央設置咖啡廳，供顧客在參加講座或健身過後小憩之用。此外，在「永旺寵物商城」中，除了銷售與寵物相關的物品之外，還提供寵物飯店或美容等服務，另外還設有寵物餐廳，讓飼主可與心愛的寵物一起快樂用餐、品嘗甜點。

而在文化講座的樓層中則設置「永旺文化俱樂部」，開設一百五十種以上的課程，包括手工藝、美術、瑜珈、舞蹈、圍棋、烹飪等，應有盡有。此外，未來屋書店則以「書香的日子」為主題，店裡擺設沙發、座椅，甚至還提供老花眼鏡。而島村樂器行也是品項齊全，除了販售樂器外，還設有錄音室與音樂教室。此外，「生活理財服務櫃檯」則將永旺銀行、永旺信用卡服務中心、永旺保險等集中起來，讓顧客在單一窗口就能辦理各種理財諮詢。

如上所述，永旺的G・G商城，除了因應祖父母世代的需求，還營造了具「故事性」的空間與氛圍，提供更高等級的消遣方式，讓顧客在享受悠閒時光之餘順便購物，從對事的消費，轉為對物的消費。

## 「靈性世代」的故事性行銷奏效

日本郵購龍頭日生（nissen）推出的「靈性京都」，提供專為女性設計的生活風格郵購目錄。該公司將六十歲以上的已婚女性稱為「靈性世代」，針對無須忙於養兒育女的主婦客層，企畫商品，並與JTB旅行社共同推出旅遊行程。該行程除了介紹京都當地的旅遊景點，同時也推廣「京都式」優雅的生活空間，以京都為主題串連出商品線。為了吸引靈性世代的目光，該公司更從讀者中挑選模特兒，舉辦服裝秀等各種活動，雜誌封面人物也起用代表同世代的森山良子、麻丘惠、岡本夏生等知名女星，進行最佳宣傳。

日生公司於二〇一四年一月成為7&I控股公司的關係企業，意味著7&I正式進軍網

---

的消費），比起擁有商品本身，更追求體驗性、故事性等商品價值，是基於消費者個人的情緒或情感體驗而產生的消費行為，以個人喜好作為購買決策標準。

路郵購。7＆I打出前述的全方位通路策略，主要訴求為具體實現每位顧客的價值觀。而該公司併購日生也屬經營策略之一，但不論如何，「靈性世代」採用故事性行銷的創新之舉，讓日本的郵購事業更加生氣盎然，開啟了一個嶄新的天地。

## 「○○世代」並非萬靈丹

日本目前針對「祖父母世代」或「靈性世代」等特定主題鋪陳故事，一氣呵成的架構商品、服務、店鋪或銷售等的行銷手法，相當受到矚目。這種作法可謂是「整合散客」的行銷。

然而值得注意的是，宣傳文案裡的「世代」，與第一章所描述的「世代」截然不同。企業推出任何一個關於「世代」的新概念時，若無世代成長經驗加持，就只能視為賣方單方面的行銷企畫而已。

因此，目標顧客能否接受企業的行銷手法，並非靠「〇〇世代」這種呼口號式的宣傳，而是取決於該商品或服務是否具備真正的商品魅力。業主在思考商品名稱時，切忌只在時髦、流行與否上頭打轉，而忽略了商品或服務的內涵。

## 5
# 「獨居世代」特有的價值

### 小型・輕巧・健康・安心・實惠・優質

社會高齡化導致獨居世代與日俱增。這些世代追求的價值重點為「小型／少量」、「輕巧」、「健康」、「安心」、「實惠」與「優質」。

健康少量已是目前各家便利商店或超市的主力商品。日本7-ELEVEn的熟食系列「小7超值餐」就堪稱箇中代表。這個系列品項齊全，有味噌燉鯖魚、馬鈴薯沙拉、燉羊栖菜、建長湯與紅酒燴牛舌等菜色，訂價約一〇〇至五〇〇日圓（截至二〇一四年四月的價格）。

此外，永旺子公司推出的「永旺便當」或葛西分店推出的「單人份生魚片」、「小甜點」等，也都是針對獨居者所推出的商品。

另一方面，《活力》雜誌中歷久不衰的「福氣連連紅蘿蔔汁」也是訴求健康的商品。這種蔬果汁採一公升瓶裝，而與過去商品不同的是，原料萃取自有機紅蘿蔔，味道香濃可口，富含食物纖維，因此廣受消費者好評。該商品受歡迎的祕訣就在於「美味可口、清腸解毒、飲後身心舒暢」等特色。這款紅蘿蔔汁的價格雖然不低，三瓶裝售價三五九九日圓，六瓶裝為六九九四日圓（截至二〇一四年四月為止的資料），但卻是該雜誌的熱門長銷商品。

對於獨居的高齡者而言，若要自己去買有機紅蘿蔔、回家再榨成汁的話，的確相當麻煩，因此只要具備「簡便」、「優質」且「健康」的商品價值，即使價格稍貴也不怕乏人問津。

## 「個人」家電廣受市場歡迎

日本家電製造商在銀髮族的商品規畫上雖稍嫌緩慢，但最近也陸續推出了一些新品。能煮出一人份美味米飯的小型電鍋就是其中之一。虎牌熱水瓶從二〇一四年起，便在既有的土鍋塗層電鍋、IH電鍋等產品之外，增加了三人份小電鍋。而三菱電機也於二〇一四年二月起，在原有的五・五人份、十人份「正宗炭釜電鍋」、「備長炭電鍋」與「炭炊釜電鍋」系列中，增加了三・五人份的電鍋。上述家電皆是因應個人需求，推出可煮一人份米飯的產品。此外，廠商也抓住一般人普遍認為「炭釜電鍋」或「土鍋塗層電鍋」煮的飯比較美味可口，主打「高品質」，而這也是小型電鍋暢銷的理由之一。

此外，咖啡機廠商也推出單杯沖煮的機型。UCC上島咖啡於二〇一三年十二月起推出Pelica Plus咖啡機，消費者只要將一個稱為環保包（ECO-POD）的特殊膠囊放入咖啡機裡，就能煮出一杯咖啡。這種設計讓用戶就算只泡一杯咖啡，也能享受手沖煮的品質。這款咖啡機之所以廣受市場歡迎，在於使用非常方便，只要一個按鈕，五十秒後就能享用咖啡。而且雖然操作如此簡單，煮出來的咖啡仍然香濃可口。

在吸塵器方面，日本松下（Panasonic）於二〇一二年八月推出的「小漩渦」則是因「小型、輕巧且高性能」而熱賣。小巧的設計，操作簡單，加上性能佳、便於清理等特色，完全掌握了獨居高齡族群的心理。

## 6 推出可以「獨樂樂」的商品

### 一人獨行勝過兩人同遊

即使不是孤家寡人，仍有不少人會選擇「獨自享樂」的方式。例如Club Tourism的「拉拉之旅」就是專為「獨行俠」設計、「僅限一人報名」的旅遊行程。

該行程雖然限定「一人報名」，但並非鎖定單身或失婚、喪偶人士，而是只接受「一個人」報名。因為不少上了年紀的女性都覺得「與其和老公出遊敗興而歸，不如一個人去玩更自在」，因此該旅遊行程就是針對這種需求而推出的企畫。

「拉拉之旅」的行程內容包羅萬象，極其用心，如聽音樂會、藝術欣賞等藝文活動，旅客可以在講師陪同之下、享受散步樂趣的「拉拉散步」，也有同月份壽星一同慶生的「生日聯誼」等。整體特色如下：

- 只接受一人報名
- 無須另外找伴
- 所有行程均有領隊隨行
- 旅行中有團員自我介紹的時間
- 接受單人房住宿

## 門檻高的行程最受歡迎

這個行程的特色在於，即使只能一人報名，旅程中也不會孤單，因為可以與境遇相似的人共同出遊。有機會「不著痕跡」地結識朋友，也是拉拉之旅的魅力之一。

在拉拉之旅的行程中，尤以不易獨自一人前往的景點最受歡迎。像是中高年女性想去有點歷史的溫泉老旅館投宿時，旅館方面難免會懷疑：「她為什麼來我們這裡？不會是想自殺吧？」此外，沖繩等地的海邊度假勝地也很難一個人前往，但如果是參加這類行程的話，就完全沒有問題了。

在此請恕我先岔開話題。我以前曾獨自去義大利的維諾納（Verona）旅行，那裡是莎翁名劇《羅密歐與茱麗葉》的故鄉，「茱麗葉的家」是當地熱門的觀光景點。但對於隻身前往的我而言，看到周遭成雙成對，不免有種走錯地方的感覺。我想當時如果能有類似「拉拉之旅」這樣的行程，我可能就不用如此惆悵了吧。

Chapter

# 6

# 如何掌握銀髮族的消費心理，開發出暢銷商品？

## 讓消費者打開錢包的關鍵：「解放型消費」與「家人感情」

話說回來，銀髮族資產豐富，那為何不肯消費呢？其中最大的原因在於他們對於老後是否有病痛、需要照護等問題，感到沒有把握。當我們對未來惶恐不安時，就很容易選擇勒緊褲帶，斤斤計較平日的開銷，以備不時之需。

誠如我在第一章所言，銀髮族不會因為儲蓄或資產較為豐厚，就花錢如流水。事實上，他們日常的開銷大約與所得（收入）成正比。這個年齡層在日常花費上容易思前想後，他們習慣「節儉與節約」，冷靜判斷是否物超所值後，才會下手購買。

因此想讓銀髮族掏錢消費時，必須提出一個足以消除他們對於「未來不安」的價值。換言之，重點在於業者要讓銀髮族在花錢時，產生一種「必要性」或「物超所值的心情」（如健康、時間、樂趣、喜悅等）。接下來就容我為各位讀者說明該如何進行。

# 1 解放型消費——五十歲以後獨特的消費行為

## 年齡增長與頭腦潛能的關係

人類的大腦外側有一大塊稱為灰質的神經細胞體。若以電腦來比喻的話，灰質就像電腦用來處理運算的晶片。而大腦內側則有一大片由神經纖維組成的白質。白質就好比是傳遞電信訊號的電纜網。總而言之，我們大腦的外側有無以計數的計算機，內側則有電纜網作為支撐。

然而，神經細胞的體積卻會隨著年齡增長而逐漸減少。令人出乎意料的是，並非要到五、六十歲，而是滿二十歲以後就會開始減少了。神經纖維卻恰好相反，其體積會隨著年歲漸長而越變越大。根據實驗證明，約在六、七十歲達到高峰。

但這又代表什麼意義呢？雖然未經科學證明，但神經纖維的增加，似乎與人類的直覺力或觀察力等智慧息息相關。說白一點，人類智慧的增長乃是「歲月的功勞」。當我們年歲越長，在數字或記憶方面的能力雖會逐漸衰退，但隨之而來的卻是更珍貴的智慧。

因此，上了年紀以後，即使覺得自己常常忘東忘西，也無須悲觀。何謂經營者必備的能力呢？或許可用一句話表示：在解決難題的同時，垂直統合、瞬間判斷的能力反而會提高。也就是說，我們大腦的潛能會隨著年歲增長而變得更發達。

## 中年以後的「解放時期」

美國西雅圖華盛頓大學心理學教授吉恩・柯翰（Gene D. Cohen）就鼓吹人過了四十五歲之後，會因四個階段而讓心理狀態更為成熟。第一階段為「重新評估時期」，一般發生在四十歲前半到五十歲後半左右。唯有在這個階段，我們才開始願意面對自己終將一死的事實。此外，因為重新評估、探索或轉移等行為特徵，激起了這群人追根究底的精神與危機感，因此他們往往有訂定計畫或付諸行動的傾向。

第二階段為「解放時期」，一般發生在五十歲後半到七十歲前半。此時，他們大多抱持「現在不做尚待何時」的想法。而這個想法將重新喚起「內在重獲自由的渴望」。這群人也會因為解放、實驗或改革等行為特徵，依各自的需求，自主並發自內心地擬定計畫或採取行動。

第三階段為「總結時期」，一般發生在六十歲後半到八十歲左右。這個年齡層的人大多亟欲與他人分享自己的經驗與智慧。他們有總結、決心或貢獻等行為特徵。這群人常在回首過往、為自己的一生做註解時，擬出一些計畫，或真正有所作為，以找出生命意義為目標。

第四階段則為「安可時期」，一般發生在七十歲後半到臨終左右。此時期的行為特徵為繼續、回憶與祝福。他們習慣回顧、談論或主張自己人生的核心宗旨，習於訂定計畫並化為行動。

從銀髮族的消費觀點而言，值得我們注意的是第二階段的「解放時期」。團塊世代面臨的正是這個重獲自由的解放階段。如先前所述，這個時期抱持著一種「現在不做尚待何時」的強烈意志。譬如說，一輩子辛勤慣了的上班族會選擇提早退休，跑去沖繩潛水；原本在超市打工的家庭主婦突然當上舞蹈老師。生活出現三百六十度的大轉變，正是此階段的最大特徵。

那麼，解放時期為何大多發生在六十歲左右呢？如先前所述，理由之一是大腦潛能的發達，讓人容易產生一種挑戰新活動或角色的能量。此外，如我在第一章所說，這個時期因退休，或是養兒育女、照顧雙親等任務告一段落，容易因為自己本身或家人生活型態的改變，形成一種契機，導致心理（心境）的變化。總而言之，依照柯翰的說法就是「人生苦短，何不即時行樂。」因此人在這個階段會產生一種「內在推力」（inner push）的能量，激發出企盼重獲自由的渴望。

## 解放型消費的「三E元素」

內在推力有衝動、欲望或憧憬等不同型態，而這些都是消費的契機。我將這種消費行為稱為「解放型消費」。所謂解放型消費是指內在推力所引起的消費。對於中高齡世代而言，能夠喚起「解放型消費」的關鍵在於「三E元素」：

(1) Excited「興奮」——心情亢奮，躍躍欲試

(2) Engaged「成為當事人」——事不關己→事事關心

(3) Encouraged「獲得勇氣與活力」——勇氣加倍，精神百倍

商品或服務若能注入以上三E元素，顧客就會不自覺地打開錢包，心甘情願地消費。

## 2 振奮型消費——消費的引爆點

### 看準熟齡族對「人生重來」的渴望

在各種消費型態中，以「振奮型消費」最能激發消費行為。最好的範例莫過於「波士頓三十天自由行」（Boston One-Month Stay）。這是由日本《活力》雜誌親自企畫推出的旅遊行程。在歷時一個月的旅行中，參加者並非只是單純的觀光客，而是能真正融入當地生活、結交朋友，同時學習英文。整個行程含機票、飯店住宿、餐飲與語言學校的學費等，一人要價一二〇萬日圓（截至二〇〇七年五月的資料）。然而，推出不到兩星期，原本限定的三十個名額便銷售一空。而報名者幾乎都是五、六十歲世代的女性。

該雜誌之所以推出這個企畫，乃是與讀者交流過後，發覺有許許多多讀者渴望能脫胎換骨，心裡懷著「想嘗試以往沒做過的事」、「想讓自己的人生重新來過」、「希望改變現有生活模式」、「此時不學尚待何時」等想法。換言之，這個企畫之所以成功，關鍵在於該雜誌抓準了讀者內心真正的需求，並透過商品、呼出如「去嚮往已久的波士頓，讓自己的人生重新來過」的宣傳口號，來鼓勵他們放開心胸、勇敢追夢。

## 家庭主婦甘願掏出私房錢的理由

其中，最值得注意的是報名的團員並非有錢人，而是一般的家庭主婦。換句話說，這些人都是掏出私房錢報名參加的。我認為企業若是有心賣出商品，都該思索如何讓一般平凡女性心甘情願地掏出一二〇萬日圓。

唯一能肯定的是，所有報名的人都對未來惴惴不安。人生苦短，這些家庭主婦心想如果錯過了這一次，有可能抱憾終生，因而萌生了「此時不去更待何時」的想法。而這個企畫的目的正是喚起消費者的這種心理。

不管是五十歲、六十歲或七十歲，都不乏對生命充滿熱情、躍躍欲試的人。只要我們能激發這些人內心深處的熱情與夢想，即使要他們拿出珍藏的私房錢，也在所不惜。

## 標榜「錯過這次，抱憾終生」的行銷手法

另外一個案例是JR九州鐵路公司二〇一三年十月通車後，推出的豪華郵輪式列車之旅「九州七星號」。行程安排顧客搭乘金碧輝煌的電車，在四天三夜或兩天一夜之中，暢遊九州知名景點，車廂內不僅有三角鋼琴演奏，還有一流廚師提供精緻美食；就好比是搭乘電車享受高級旅館服務一樣。第四季的費用（指二〇一四年十一月以前出發之行程）價格不斐，兩天一夜的行程、每人要價七萬三〇〇〇到五二萬五〇〇〇日圓；四天三夜的行程則需十八萬三〇〇〇到一二五萬日圓左右，報名者以六十歲世代為主。

上述旅遊行程雖然定價不低，但並不代表報名的人一定很有錢。第一期的團員中就有一位家住千葉縣、從事看護工作的六十三歲女性。她說：「我能夠成為第一批搭乘這輛夢幻列車的人，真的好高興！」「成為率先搭乘夢幻列車的人」就是顧客報名的動機，可說是一種「快樂」的泉源。只要將商品套上「錯過這次，抱憾終生」的感覺，就能吸引那些雖不富

裕，卻喜歡出遊的人。

另一方面，住在京都大原的英國女性薇妮夏・史密斯小姐（Venetia Stanley-Smith），因為特殊的生活方式與她經營的英式庭園，而深受日本中高年女性的喜愛。東京銀座的松屋百貨曾於二〇一三年九月舉辦〈薇妮夏與密友之展～貓兒尾巴與青蛙的手　京都大原薇妮夏的藝術生活～〉。會場中將她的散文、插畫與各種用香草作成的手工藝品，以及愛用品等，用照片或影像交互展出，參觀的人大多是中高年女性，當時人山人海、盛況空前，會場中與薇妮夏有關的商品都銷售一空。

由於我們身處於一個看不清未來的時代，能否刺激顧客產生把握當下、躍躍欲試的心態，進而衍生出「振奮型消費」，顯得格外重要。值得切記的是，只要能提出一些令人愉悅又激勵人心的企畫，那些市場調查看不見的潛在顧客就會浮出檯面。

## 3 當事人型消費——從「事不關己」變成「事事關心」的過程

### 當「志工」的附加價值——當事人消費模式

第二種消費模式是「當事人型消費」。如先前所述，Club Tourism針對七百萬中高年會員推出了各種主題的旅遊行程，每個月並由「志工」發送《旅遊之友》雜誌。這些志工一個月只要派送兩百五十本雜誌就有四千日圓的酬勞可領。對於企業而言，這種作法比委託黑貓宅急便配送便宜，可節省不少成本。此外，志工們到府訪問時，除了可從言談中掌握會員的家庭狀況，還能掌握個人的旅遊需求，因此也是相當有利的顧客關係管理（CRM，Customer Relationship Management）。

另一方面，志工之間也能透過互相交流建立起情誼，甚至一起相約參加Club Tourism的行程，最終又將派送雜誌的酬勞回饋給公司。從Club Tourism的觀點來看，這就是一種花錢請兼職員工，再讓他們把薪水送回公司手裡的作法。

此時，最重要的是志工們參加公司主辦的旅遊，最後花的錢遠高於賺到的酬勞。因為成為志工後，更有機會與志同道合的夥伴一起出遊，因此花錢的機會就變多了。有關此部分，稍後會詳加說明。事實上，中高年在年金收入以外賺取的酬勞，幾乎都是可用來消費的所得，因此花起錢來更顯大方。

如上所述，原本只是單純的顧客，一旦成為公司的一份子、與公司產生部分關連時，就會燃起一股對工作的責任感，最後甚至願意用酬勞來購買公司的產品或服務。我將這種狀況稱之為「當事人型消費」。

一般而言，男性退休後即使空閒時間變多，也不太願意參加無償的義工活動。因此，當企業將這些退休男性視為客層的話，就很適合採用能產生當事人型消費的聘僱模式。

## 支援地方復興重建，也屬於當事人型消費

當事人自發性產生的消費行為，同樣也出現在日本東北大地震重建活動的志工身上。在大地震發生前，與災區毫無關係的人也因為去災區協助重建工作，而與當地災民有了情感交流，並更清楚當地的實際狀況。結果，災區就成為這些志工首選的旅遊景點，變成對他們來說相當重要的地方，衍生出所謂的「當事人意識」。

他們往往會將許多災區特產帶回家中，積極推銷給親朋好友。雖然他們去災區之前，與當地沒有任何交集，但透過協助災區重建加強了當事人意識；因此災區對他們而言，從「別人家的事」變成「自己家的事」。也就是原本事不關己，最後事事關心、親力親為。

# 4 活力型消費——身心健康的消費模式

## 瘦身有成，消費模式也會隨之改變

第三種是活力型消費。如先前提到的可爾姿，當中高年女性去做一些伸展操或有氧運動時，身心方面都會產生許多變化。首先，女性只要一瘦下來，就會想丟掉原本穿的寬鬆運動服，另外採買可展現身材的流行服飾。何況身體煥然一新，心情自然大好，更願意外出逛逛，或是偕同三五好友一起去旅行。而出門免不了要添購皮包、鞋子、化妝品或首飾配件等行頭，因此就會興起購物的念頭。

如上所述，當我們建立起積極正面的心態，不免想打扮得光鮮亮麗與好友一同外出遊玩，躍躍欲試的心情油然而生。這種情形就好比養老院中，患有失智症的女性一旦病情改善後，便想穿上色彩繽紛的衣服一樣。

事實上，我們大腦前頭葉的中央有一個意願中樞。當這個部分活化時，就會激發我們產生行動的意願，心態變得積極向上。事實上，當我們研究失智症狀獲得改善的病患時，發現他們病情好轉後，意願中樞會活化，並恢復應有機能。

人只要身心充滿活力，就不容易生病。除了可減少醫療或照護費用，也會因為活動意願增加而擴大消費需求。我個人認為，與其將錢花在看病或成人紙尿布上，不如生龍活虎、光鮮亮麗地出門旅行，來得更有意義。

## 運動選手也能刺激消費

我們看到運動選手在奧運或各種賽事中表現出色時，也會受到激勵而產生消費行為。

凡是看過羽生結弦在索契冬奧男子花式溜冰項目奪金的人，都會大受激勵，甚至不由自主地購買許多與他相關的商品。有些小孩還會產生「我也想學學看」的想法，而開始嘗試溜冰，因此帶動了溜冰相關商品的銷量，溜冰場一時門庭若市。

職業棒球也有類似的情況。以仙台為據點的東北樂天金鷹隊贏得全日本冠軍賽時，不只主力投手田中將大等出色球員的周邊商品熱賣，整個仙台也朝氣蓬勃，洋溢一股「我們也得加油」的氣氛，整個城市都以各種不同型態來刺激消費。

當花式溜冰選手荒川靜香在杜林冬奧贏得金牌後，我也曾上網購買她當時於長曲、表演曲目選用的兩首曲子：《杜蘭朵公主》（普契尼作曲）與《*You Raise Me Up*》（天使女伶演唱）。雖然租借相對便宜許多，但我當時熱血沸騰，實在按捺不住「一聽為快」的心情，因此即使貴一點也毫不猶豫地買了原版CD。

## 不要刻意營造「感動」，以免造成反效果

如上所述，人們受到鼓舞時，會產生一種躍躍欲試的心情而願意消費。然而，當企業想如法炮製時，切忌避免刻意操作「激勵、感動人心」等主題，以免事倍功半。

正所謂勇氣並非來自他人，而是一種「油然而生」的感覺。同樣地，感動也不是別人可以給予的，而是一種切身的「感同身受」。因此，若賣方私下操作、刻意散發出想要「鼓

勵、感動顧客」的訊息，總有一天會露出馬腳，前功盡棄。關於此點，還請讀者們多加注意。

# 5「家族羈絆」是消費的王道

除了個人的消費以外，「家族羈絆」（即「家族情感」）對於消費行為的影響也不容忽視。而這個部分又可分為三大類。

## 大家族就近照顧型消費

第一類是「大家族就近照顧型消費」。這個類型是指成家立業的兒女「就近」住在父母家。換句話說，就是整個家族都住得很近。而全家族大多會在週末，或結婚紀念日、生日等重大節日時，齊聚一堂或是一起外出用餐。這種居住型態和過去大家族都住在同一個宅院一樣，很多事情都能一起行動，因此我將之稱為「家族就近照顧型消費」。

比方說，我住在東京近郊的琦玉縣，而父母則住在東北的新潟。當我兒子（也就是我父母的孫子）生日時，會收到他們兩老寄來的生日禮物，接到一通祝賀電話，如此而已。

然而，如果我父母就住在我家附近的話，我想在我兒子生日時，大家就會一同歡慶。而且，一起外食的機會也會增加。家人一同外出用餐時，開兩台車子未免浪費，因此我很有可能會把車子換成七人座休旅車。

此外，雖說是住在附近，但基本上還是分開住，我們可能會不時和父母通電話，例如告訴他們：「我們現在要過去了喔」，或是拜託他們「可不可以幫我看一下小孩」、「我要出門，能不能幫我看一下家？」

如上所述，祖孫三代就近居住時，很容易產生大家族式的消費行為，並衍生出與分隔兩地截然不同的需求。若能有效掌握這些需求，就有機會開拓新的事業。

例如行動電話常見的「家族優惠」等折扣服務，就相當適合這種家人都住得很近的家族。如前面提到的東京迪士尼度假區的三代同堂優惠券，若是電影、音樂會或晚餐秀也能推出三代同堂優惠的話，就能刺激「大家族就近照顧型消費」。

## 金孫型消費

第二類是「金孫型消費」。這個類型並不是孫兒輩自己花錢消費，而是祖父母以孫兒為藉口，心想「如果是買給我們家寶貝金孫的話……」而大方掏錢的一種消費型態，消費範圍很廣，包括依慣例由祖父母贈送的上學用書包、書桌，乃至上下鋪雙層床、毛筆盒、女（男）兒節娃娃，或各種玩具等。

先前提過的「莉卡娃娃」，也是一種鎖定金孫型消費的行銷策略。祖父母與孫兒同住時，含飴弄孫的機會較多，但分開居住時，只要一有機會與孫子、孫女見面，就想把握相處的每一刻。這時只要孫女與奶奶、外婆，各自拿著「莉卡」與「莉卡外婆」辦家家酒時，祖孫的感情就會更加融洽。

而「大富翁」之所以歷久不衰，就是因為這是全家人可以一起同樂的遊戲，也是祖父母很愛買來送給金孫的禮物。

## 孝順型消費

第三類是「孝順型消費」，尤其是子女為了孝順年邁雙親而產生的消費行為。這時，千萬不可忽視的是子女往往也已屆中高齡。

「照顧服務」即是最典型的例子之一。如NTT docomo的「樂樂手機」所提供的「安心聯絡網」服務，父母親可透過此服務，將手機拍攝的相片傳送給子女。如此一來，子女不用打電話就能知道父母親是否平安無事。很適合平日工作繁忙的子女趁著空檔，隨時確認父母的狀況。此外，如象印的「看守班長」熱水瓶是根據熱水瓶的水位、東京瓦斯公司的「守護小子」是檢測瓦斯用量，都是利用室內裝設的偵測器，來檢視高齡者的位置或周遭環境變化的即時通知服務。

然而，偵測器的缺點是一旦發現異常狀況，大多為時已晚。因此，保全公司也提供緊急立即到府救援服務。如中興保全（Secom）或日本宮崎綜合警備保全集團（ALSOK）提供的安心守護服務，雖然必須支付會費及每月數千日圓的保全費用，但是萬一發生意外時，就能多一分保障。保全公司雖然無法直接提供醫療或照護服務，卻可以第一時間叫救護車來進行急救。

Chapter 7

# 如何建立接觸銀髮客層的管道？

## 聰明接近消費者的技巧

許多專案人員常問我：「想接近銀髮族的話，用什麼方式最好？」會這樣問的人大多是缺乏與消費者有直接接觸管道的製造業。當廠商與顧客有所聯繫時，就能輕易掌握市場動態或客戶的年齡層；反之，若是缺乏接觸管道，推廣銀髮事業時彷彿就像霧裡看花一樣，茫然無緒。本章就讓我為各位講解，如何聰明地接近銀髮顧客。

# 1 別再堅持「付費行銷」了，「自來行銷」才是上策

## 現在是勤跑業務也拿不到訂單的時代

接近銀髮族的方法有付費行銷（outbound marketing）與自來行銷（inbound marketing）

兩種。付費行銷是由企業主動接觸顧客，而自來行銷則是顧客自己找上門，例如顧客主動詢問。因此，凡是企業主動撥打推銷電話、發送DM或宣傳單等都屬於付費行銷，而顧客自己打到客服中心的話，則是自來行銷。

對於銀髮商務而言，業主與其拚命宣傳，倒不如認真思考如何增加自來行銷才是上策。過去大家都以為「業務是靠跑出來的」，只要勤跑，無須事先約時間，僅管登門拜訪就是了。而跑了一百家，能拿到五張訂單就算成功。總之，為了達成業績，跑得勤似乎變成做業務的最高美德。

話說回來，近來市場生變，即使真的跑了一百家客戶，如果沒有事先預約就登門拜訪，幾乎拿不到訂單。因為消費者變聰明了，對於業務的觀感也有所改變。現在已經不是靠體力與耐力，就能將商品賣出去的時代了。

## 打越多推銷電話，效果越糟

電話行銷也是同樣的道理。現今仍有不少企業採用電話行銷「推銷」商品，但消費者其實早已厭煩業者三不五時打電話來推銷的方式了。雖然有些企業的立意是一回生、兩回熟，但殊不知這種推銷電話卻是越打越讓人反感，反而破壞顧客對企業的印象。

此外，針對那些門禁森嚴、不易直接登門拜訪的住家大樓，有些公司的作法是將傳單塞在一樓的信箱裡。然而，傳單所能傳達的商品訊息原本就不多，再說大部分大樓的信箱旁都備有垃圾桶，因此住戶看到沒有興趣的傳單就會當場丟掉。也就是說，大多數傳單的命運就是淪為一堆廢紙。而沒有收件人姓名，卻又不會被隨手丟棄的，大概只有「〇〇市月刊」之類的公家刊物吧。

上述的行銷手法其實相當拙劣。但許多公司行號都抱著「聊勝於無」的心態樂此不疲，採取了相當不聰明、甚至是不用大腦的行銷手法。

## 客服中心——直接面對顧客的第一線

只要業主能捨棄「亂槍打鳥」的行銷方式，抓準消費者真正的需求，並傳遞出精準的訊息，相信成效一定會很好。最重要的是，企業必須建置完備的系統來因應客戶諮詢，提高諮詢效果或促進顧客自來的需求。因此，能與潛在顧客直接溝通的客服中心，包括線上客服在內，扮演著極為重要的角色。

事實上，我自己也曾打給客服問問題。我發覺客服中心的因應態度，將大幅影響顧客對該企業的印象。這種印象會擴及該企業的所有產品，而這也是最可怕的地方。

網購市場的發展如此蓬勃，導致許多實體商店萎縮，網路商店櫛比鱗次出現。但話雖如此，客服中心的地位卻更形重要。客服不再是單純的諮詢窗口，而是作為一家企業的天線，肩負著透悉顧客潛在需求的重責大任。

來自顧客的資訊，不僅有助於研發出商品的雛形，改良商品，甚至可以幫助業主找出更有效的行銷方法。凡是重視自來行銷的企業大多設有直營的客服中心，並嚴格培訓客服人員。

就我所知，越是獨占市場的企業，其客服中心的品質越是令人詬病。反之，在市場競爭激烈中仍能受到好評的企業，大多擁有一個應對得宜的客服中心。

## 2 將客服中心視為提升業績的策略據點

我們應切記一點，不可將客服中心當成節省經費的單位，而是要將之定位為能提升業績的主要戰略據點。因此，一個好的客服中心需具備以下要件：

### 保持電話暢通

會主動致電給客服的消費者，除了單純遇到問題以外，大多都對該企業抱持著某種程度的「不滿」或「不便」。因此，客服中心的電話切忌老是打不通、轉接時間過長或一轉再轉等。這樣的缺失只會提高顧客的「三不困擾」，加深他們對企業的反感。

### 高超的傾聽技巧

至於會打去客服中心的銀髮族，往往會如此抱怨：「我不知道怎麼回事啦！但你們家的商品就是怪怪的、動不了。」遇到這種情況，應先仔細聆聽對方所說的內容，確實掌握顧客亟欲解決的問題所在。不管對方在電話另一頭多麼惱怒，如果遇到願意仔細傾聽又有耐心的客服人員，顧客心裡的不滿就會逐漸平息，心平氣和地說明事情始末。

此外，當客服人員在為顧客解說時，若滿口專業術語，只會讓顧客「有聽沒有懂」。因此，企業應訓練客服人員盡量不用太過專業的名詞，以淺白好懂的方式來進行說明。而IT企業的客服中心最容易發生上述問題，應多加注意。

## 應對得宜的溝通技巧

在日文的應對進退中，適切合宜地使用敬語，乃是基本中的基本。亂用敬語會給人一種粗俗無禮的感覺，進而降低好感度。此外，客服人員與顧客對談時，除了務必遵照SOP手冊操練，也需根據各色顧客，靈活應變。欲培養出這種應對能力，業主需模擬各種狀況來為客服反覆進行口頭演練。而根本之道便是訓練員工得以敏銳地察覺顧客的心情變化，養成站在對方的立場思考、靈活因應的溝通能力。

## 公司內部必須資訊共享

如果企業能將客訴內容分享給各個相關部門，例如將商品操作問題轉給製造部、銷售問題轉給營業部等，如此一來，公司方面就能透過顧客的投訴，看出使用者的潛在需求，進而變成企業重要的智慧資產。我們應該跳脫「客服中心只是處理客訴」的想法，將之視為市場資訊的接收器，能讓公司不用走出辦公室，就可以獲得商品開發的相關發想與點子。而身居領導地位的經營高層最該有這一層認知。

## 3 中高齡世代的網路使用方式，各有不同

### 六十歲世代的上網率將達九成

網際網路的普及率，雖然有目共睹。但就年齡層來看，上網率大概以團塊世代為分界點，而各自不同。根據日本總務省二〇一二年底的數據顯示，五十歲世代的上網率約為八五%，六十歲前半為七〇%，六十歲後半為六三%，七十歲世代為四九%，八十歲以上則為二五%。（參閱63頁，圖1－15）。

如第一章所提，我曾於一九九九年針對東京、名古屋與大阪等地五十歲以上的人，調查他們上網的情形。當時的上網率僅有三%，使用電腦的人僅八%。相較之下，現在八十歲以上的人，每四個人中，就有一人會上網，改變之大著實令人吃驚。由此可知，網際網路在短

短十多年間飛速地成長。

如先前所述，上網率會隨著時間演進而增加，今後必然也會一路節節升高。根據研究顯示，到了二〇二四年，六十歲世代的上網率將接近九成，想必七十歲世代也不遑多讓。再過二十年，相信不論哪一個年齡層的上網率都將高達九成左右。

## 網路行銷與銀髮商務

就實際狀況來說，銀髮族一旦過了七十五歲，就會被歸類為後期高齡者。先不論此說法適當與否，但以七十五歲作為分界是有醫學根據的。根據統計資料，以七十五歲為分界點，前往醫院接受治療的看診率、照護認定率或失智症的發生比例，都急速升高。

因此二十年後，即使七、八十歲世代的上網人數變多，但其中有半數以上會有一些身體方面的疾病。

如此一來，即使臥病在床，但只要神智清楚，手指也能靈活運用的話，就可以用電腦或平板電腦上網訂購商品或服務。從今而後，這些人的比例將會急速上升。這也意味著一個相當重要的趨勢：**企業未來將更大幅地透過網路，來接近中高齡消費族群。**

## 4 依商品種類決定最有效的行銷

有效接近銀髮客層的方法，會因商品或服務的種類而有所不同。以下就讓我依商品或服務，分別列舉一些有效的方法作為說明。

### 金融類（特別是投資型商品）

股票或投資信託等投資商品較具隱私性，連最親近的家人都未必會彼此商量了，更遑論親朋好友。因此，購買者大多傾向獨自蒐集資訊，取得管道包括報章雜誌的報導、網路消息、金融機關或證券公司舉辦的說明會等。如果需要更進一步的資料時，就會親自諮詢銀行行員或證券公司的營業員。

## 旅遊類

至於旅遊方面的資訊，不習慣上網的人往往會參考報章雜誌的廣告或車站、旅行社架上的傳單。而習慣上網的人，則會先查詢網路上的資訊。這兩種類型的人都特別注重親朋好友口耳相傳的意見，如「我上次去○○時，那個××好好玩喔。」之類的說法，都會成為他們去與不去的參考。雖然他們有時也會聽旅行社的意見，但若承辦人員未曾去過當地，還是實際走訪過的人所給的意見比較實在有用。

## 興趣與才藝類

女性顧客大多在意的是自己想參加的才藝課程由誰主講、教室的氣氛如何等。因此大部分女性事先都會詢問實際參加過的人，或仔細瀏覽網路上的風評，這些資訊都比傳單上的宣傳文案來得重要。蒐集完各方資訊以後，女性還會親自去試聽，實際感受過上課氣氛之後再做決定。

這算是一種「對事的消費」，消費者會仔細確認「課堂的氣氛是否愉快」或者「對自己有否助益」等著重個人感覺與體驗的價值。

## 健身類

針對健身房、健身俱樂部這類地域性較強的服務，大多會透過夾報傳單來進行宣傳。業者習慣在信箱裡塞傳單，強調「兩個月免費」、「免費入會」等讓消費者感覺搶到便宜的文案。但事實上，消費者已厭煩這種宣傳手法。

中高齡客戶之所以選擇健身類商品或服務，多數是為了健康或體力的考量。因此他們在意的是體能訓練是否有實質的效果。他們參加或選購之前最想確認的是：「真的瘦得下來嗎？」「用了以後能增強體力嗎？」「這對哪部分有效？」等。因此，親朋好友的意見或口耳相傳的風評，都有著壓倒性的影響力。不過，使用者最後還是會透過自己的雙眼，實地確認過健身房的氣氛之後，再做出最後的決定。

## 保健與美容類

針對銀髮族推出的保健食品或化妝品，堪稱最常在媒體出現的商品類別。日本可收看BS、CS衛星系統的有線電視台購物頻道，就常常出現這類商品。報章雜誌或網路上也看得到許多相關廣告。這類商品正處於戰國時代，因此「如何區隔市場」儼然是今後商品行銷的重點。

消費者最後是否購買這類商品，主要取決於功效與價格。歸結到底，成本效益是最重要的考量。譬如，三得利健康商店（Suntory Wellness）推出保養品 F.A.G.E. 時，便採取多向媒體操作的行銷方法。除了電視廣告之外，也在報紙刊登全版廣告，並輔以夾報傳單。雖然該公司希望達成鋪天蓋地的能見度，讓商品深植消費者心中，但消費者是否「續購」，最終還是取決於商品是否「見效」。

## 裝潢類

整修房屋可說是較為昂貴的家庭開銷，費用可能高達數百萬日圓。因此消費者對於價格高低、完工品質好壞非常敏感。日本修繕業界並無大型廠商或連鎖店，大多是由地方上的土木工程行或裝潢公司包辦。然而，整修房屋可說是「不做看看就不知道效果如何」的商品，因此家人、親朋好友的風評，以及提供各種資訊的管道，便成為最主要的參考來源。

以上是我所列舉的一些案例。整體而言，商品或服務會依種類的不同，而影響銀髮客層喜好的傳播媒介。此外，同年齡層的銀髮族也會因為上網率的高低，而影響他們偏好的媒體。因此企業在進行行銷時，應先仔細考量目標顧客的性質與訴求重點，再選擇適合的媒體與有效的顧客接近途徑，以收事半功倍之效。

# 5 善用媒體推廣銀髮商務

## 政府宣傳品，最受銀髮族信賴

在針對銀髮族宣傳的媒體中，尤以各鄉村市鎮等公家機關發行的文宣品效果最佳。這類印刷品最受銀髮族信賴，堪稱閱讀率最高的媒體。一般民眾對信箱裡的傳單大多看也不看就直接扔進垃圾桶，但銀髮族卻特別喜歡這些行政機關的文宣，非但不丟，還會仔細閱讀。

部分鄉村市鎮所發行的印刷品，雖然也開放廣告刊登，但一般而言，對於營利性質的企業還是持保留態度。公家發行的文宣刊物對於所刊登的廣告，最注重的是閱讀者能獲得何種益處，而非單純推銷商品。

此外，在區公所等地的公布欄上常可看到一些告示，或是旁邊擺放著一疊疊印刷品。這些都與行政機關的資訊有關，因此容易獲得銀髮族的信賴。鄉村市鎮的聯誼中心、銀髮人才中心、民眾活動中心或體育館等公家機關也是極佳的宣傳媒介。

## 免費刊物抓住主婦的心

免費刊物分為兩大類：非定期出刊的「號外」特刊與定期出刊的雜誌。介紹的都是在地資訊，內容包羅萬象，舉凡地方活動、商店、人力仲介、住宅與不動產、美食與餐廳、購物、戲劇、護膚美容、休閒旅遊、各種才藝教室……一切與日常生活相關的資訊或廣告都涵蓋在內。而這些免費期刊內附的折扣券大多是「用到賺到」，因此深受家庭主婦喜愛。

日本針對銀髮族的代表性免費刊物，為SANKEI LIVING新聞社所發行的特刊（D4大小，長40.6公分，寬27.2公分）《LIVING時報》、Pado公司發行的《Pado》免費生活情報誌等。目前日本約有一千種以上的免費期刊。其中，分發型態以「在商店架上擺設」為最大宗，占整體比例的四五％，其次依序為「夾報」的三六％、「在公共設施發送」的三五％，以及「宅配（投遞）」的三三％。

免費期刊的折扣券設計，讓業主得以辨別使用者是透過哪一種媒介取得的。由於這種設計能測出廣告的效果，因此不少企業將這種作法視為某種程度的市場調查。然而，免費期刊屬於都會型媒體，使用者大多僅限都會區。

## 銀髮會員愛看會刊

部分擁有龐大銀髮會員的企業也喜歡發行會刊。如能善用這些會刊，就能有效接近熟齡客層。以下列出日本會刊發行量的排行（數據取自企業對外公布的資料）：

- Club Tourism的《旅遊之友》（免費），三百萬份
- Yuko Yuko公司的《*Yuko Yuko*》（免費），一百二十六萬份
- JR東日本鐵道公司的成人假日俱樂部（收費），九十萬份（《*Midoru*》與《*Zipangu*》兩本雜誌的加總）
- 日本可爾姿的《可爾姿會刊》（免費），六十萬份

● 活力出版的《活力雜誌》（收費），二十一萬份
● 角川書店的《每日新發現》（收費），十一萬份

上述會刊也接受廣告刊登或行銷合作，因此其他業者也能善加利用。然而，如前所述，擁有會員的公司實際業務與外界觀感，完全是兩碼子事，值得各位留心。舉例來說，旅遊相關會刊適合推銷旅行箱或旅行用品等商品，而健康類雜誌則適合化妝品、保健食品等與美容或健康有關的商品。

## 鎖定銀髮族的「去處」

銀髮族有大把時間可以自由運用，他們喜歡聚集的場所或常去之處，都是企業應該徹底鎖定的目標。例如下列地點：

● 百貨公司──日本橋三越總店、高島屋總店、京王百貨公司、松阪屋上野店、JR

名古屋車站高島屋分店、阪急梅田總店、阪神百貨公司或阿倍野Harukas[1]等。

- 劇院——歌舞伎座、新橋劇院、明治座或京都四條南座等。
- 演講活動——地區管委會、電視台或報紙舉辦的活動。
- 音樂會場——東京文化會館、三得利音樂廳（Suntory Hall）、音樂廳（Orchard Hall）或東京藝術劇場等。
- 電影院——複合型電影院（午間時段有許多銀髮族聚集）。
- 商店街——巢鴨地藏通商店街、麻布十番商店街、廣尾商店街或神樂坂商店街等。[2]

上述銀髮族喜歡聚集的地點之中，最後一項的商店街適合開設銀髮族專屬的商店。例如

---

1 位於大阪市阿倍野區，乃目前日本最高的摩天大樓，高三百公尺，僅次於東京晴空塔與東京鐵塔。

2 巢鴨位於東京都豐島區，麻布與廣尾接近涉谷與惠比壽等高級地段，神樂坂位於新宿區。

位於巢鴨地藏通商店街的「奶奶的原宿」，即遠近馳名。值得注意的是，即使是銀髮族愛逛的商店街，每家商店的客層也會有所差異。巢鴨走平民風格，麻布十番與廣尾偏好高消費族渠，而神樂坂的客層則比較年輕。

# 6 銀髮社群媒體的正確用法

## 廣告色彩過濃的SNS

網路上也有一些針對銀髮族開設的網站或社群網路服務（SNS，Social Networking Service）。日本也曾有過銀髮族專屬的入口網站，卻都一一銷聲匿跡。銀髮族專屬的社群網路服務目前有：DeNA經營的「趣味人俱樂部」、富士通經營的「樂樂交流天地」等，不過都還在失敗中摸索，只能稱作是開發中的媒體。

趣味人俱樂部宣稱是「專為大人設計的SNS」，提供銀髮族旅遊、嗜好等各項資訊的交流平台。此外也舉辦各種活動，並提供網友聯誼等服務。然而，該網站的電子報發送卻太過頻繁，且廣告意味也過於濃厚。

樂樂交流天地是NTT推出「樂樂手機」時所開設的社群網路服務。將目前的「樂樂電腦」及「樂樂智慧手機」的用戶合計起來的話，約有九萬名會員。該網路服務的留言板因為字體大、版面簡潔、內容多元且主題與旅遊、飲食、寵物、家人或人際關係等有關，因此廣受歡迎。會員以六十歲以上的高齡人士居多，因此整體感覺稍嫌沉悶。

## 尚待開發的臉書與LINE

目前臉書（Facebook）用戶還是以五十歲以下的年輕世代為主，銀髮族即使有臉書，整體使用率仍然偏低。公司行號雖然會透過臉書來行銷，但因為商業氣息過重，往往不受市場歡迎。

反觀智慧型手機的APP應用軟體中，可免費通話的LINE人氣就相當高，但目前用戶還是以年輕族群為主。同樣是由日本樂天集團所併購的Viber，則與網路電話Skype不同，安裝後無需打開軟體也能通話，且音質清晰，因而成為行銷重點。然而，要讓這些通訊軟體深入銀髮客層，仍有一段路要走。

## SNS創造自來行銷

社群網路服務其實不該當作一種幫企業宣傳的付費行銷，比較聰明的作法是針對消費者有興趣的話題，傳送對他們有益的資訊，再適時增加諮詢服務等，架構出自來行銷的模式，將SNS的功效發揮到極致。

Google Gmail上的廣告，雖然並非社群網路服務，卻是極佳的銀髮商務範例。當用戶開啟Gmail時，畫面右側便會出現許多相關資訊。這些資訊都與用戶輸入的關鍵字有關，因此不易讓人覺得突兀。例如當你在Google上查詢「付費養老院」時，畫面就會自動出現與付費安養中心相關的廣告。這些廣告對沒興趣的人來說或許有些刺眼，但有需要的人就會覺得很受用。

亞馬遜網站（Amazon）則在消費者搜尋了某本書後，畫面上會一併出現相關書籍的資訊。這種作法雖然有點多管閒事，卻是消費者找書時極好的參考資料來源。在「多管閒事」或「多多益善」兩者之間，業主要如何巧妙運用及操作，將是今後善用網路的智慧所在。

Chapter

8

# 如何將銀髮族「顧客」變成「忠實主顧」？

「心靈回饋」重於「金錢報酬」

本章所介紹的不是「賣出／買入」、「想賣／想買」或「廠商／用戶」等單純的關係，而是要教導各位如何建立起更融洽的買賣雙方關係，進而作為「刺激銀髮族消費」的切入點。

# 1 利用「求知緣型商品」促進知識的新陳代謝

## 退休生活與「求知緣」

首先，我想先說明「求知緣」這個關鍵字。我從二〇〇二年開始提倡這個名詞，意思是「基於求知的好奇心而結下的緣分」。而所謂的緣分，是有先後順序的。第一個緣分是「血緣」，指的是我們與家人或親戚之間的緣分。第二個是「地緣」，這是與自己居住地相關的緣分。第三個是「公司緣」，又稱「工作緣」，也就是與公司或工作有關的緣分。而求知緣就是第四個緣分。

我認為對退休人士而言，求知緣是相當重要的連結。現代社會以小家庭居多，因此家人間的繫絆（血緣）較為薄弱。大多數男性上班族在退休以前，通常只會在公司與住家兩地之間往返而已，導致他們與地方（地緣）脫節。況且，他們還在工作的時候，與公司的聯繫（公司緣）最強。退休之後，即使偶有同期聯誼會等活動，但同事之間仍會漸行漸遠。

因此，如求知緣這種基於求知的好奇心而結識的關係，將益發重要。而這正是企業在行銷商品或服務時，該思考如何好好應用的關鍵。接下來就讓我列舉一些案例說明。

## 求知緣商品的代表

第一個是先前已提過數次，由Club Tourism所推出的主題型旅遊行程。如前所述，該公司成立時的出發點是「發起一千個俱樂部」，想藉此吸引其他旅行社的顧客。簡言之，就是透過一千種不同的旅遊行程，應付顧客南轅北轍的需求。起初確實成立了不少俱樂部，而如今已衍生出高達三百多種主題的旅遊行程。

這個旅遊商品的重點在於，打出某主題以吸引興趣相投的人前來報名。而這些團員因為志同道合，共通話題多，彼此之間的溝通順暢。如果有機會一同用餐的話，場面就會更見熱絡。等到彼此更熟了，就會互相邀約「下次再一起去玩吧」。該公司藉由這樣的操作方式，讓團員不斷「回鍋」參加各種行程。

## 2 利用「求知緣型商店」發展「對物不對事」的消費

### 善用才藝中心激發購物欲

如先前所述，求知緣商品的特色在於吸引對知識有好奇心的同好。除了旅遊以外，參加才藝課程所產生的交流也算是求知緣的一種。然而一般來說，這種關係在下課或課程告一段落之後就宣告結束。就算有進一步的來往，頂多就是參加同一個講師的其他課程罷了。

過去的才藝中心都僅限於教室裡的互動。不過最近的才藝中心儼然變成「求知緣的入口」，部分企業將此視為極具發展性、可與購物連結的關鍵點。最好的例子莫過於永旺葛西店的「G・G商城」，除了舉辦各種文化課程，還販賣各種商品，如與課程相關的各種書籍、樂器、手工藝品、首飾或寵物等。當興趣相投的人齊聚一堂、共同學習，並交換五花八門的資訊之後，就會產生源源不絕的話題。有人可能因此提議：「我們不妨這麼做試試看」，或是萌生如下想法：「如果有這樣的○○就好了……」而在此同時，若教室附近正好有相對應的商店，便能激發顧客購買的欲望。

當企業提供了一個大眾唾手可得的「方案」時，顧客就很有可能從「對事的消費」轉為「對物的消費」。因為不論課堂上的氣氛或反應有多麼熱烈，但下課後大家就各自鳥獸散了。打鐵要趁熱，行銷時應考慮到將教室與店鋪盡量設在同一個樓層，緊鄰彼此的地方。

## 求知緣型線上商店開始影響實體店面的行銷與陳列

事實上，亞馬遜書店等線上網站的行銷手法就很接近求知緣型商店的作法。比方說，當消費者在亞馬遜搜尋「終活」二字時，畫面上就會出現墓地的選擇方法、佛寺、葬禮、花束、臨終筆記等各種相關書籍。而實體商店現在也開始出現類似的行銷模式。

實體商店若將相關商品都集結在一起的話，也能明顯刺激買氣。當店家激發出買方求知的好奇心，加上想買的商品又近在眼前的話，就會讓消費者產生購買的欲望。此外，店家若以滿足求知欲的角度陳列商品，讓消費者進了賣場就興起「欸？還有這種東西喔？」的念頭，也能有效誘導消費。

喜歡樂器的人對於樂器、樂譜、練習用錄音室、CD等相關商品，均有莫大的興趣。如果能為這些同好準備好一個溝通的平台，就能變成加深這群人求知緣分的基地。

## 今後要改進的重點

探戈酒吧、夏威夷餐廳、鄉村酒吧等主題型廳大多有樂團現場演奏，營造歡樂氣氛。而這類餐廳就成為求知緣的場所，吸引一大群愛好探戈、夏威夷風或鄉村風的同好前來。

遺憾的是，這類商家的餐飲卻往往差強人意，多以冷凍食品充數。事實上，餐廳的現場演奏不論多麼精彩，若餐點讓人食不知味的話，就無法讓顧客真正滿意。

但話說回來，近來某些冷凍食品的品質之好，令人刮目相看。我想那些不在乎餐點品質的餐廳，或許還不知道冷凍食品精進到何種程度了。不過我個人還是認為，只要條件許可，店家都必須盡量避免提供冷凍食品做成的菜色，而是以貨真價實的美味佳餚來留住顧客。

六本木有家名為Abbey Road（披頭四解散前錄製的專輯名稱）小酒吧，因聘請模仿披頭四的樂團駐唱，而成為與披頭四相關的求知緣餐廳。這家店的賣點是樂團的演出維妙維肖，彷彿「披頭四」原音重現。此外，對於無緣親身經歷披頭四時代的人來說，也能來這裡想像他們當年的風采。順便一提，這家店的餐點美味而真材實料，因此回客率頗高。

## 3 我們賣的不是商品，而是「商品體驗」

### 商品體驗的始祖

對於那些「沒用過、不知好壞」的商品，業主更需要提供試用機會。這種強調「商品體驗」的創意將越來越重要，像床墊、枕頭等寢具用品就是最佳的例子。近來，日本正掀起一股「安寢風」，坊間出現了強調睡眠品質的專賣店或零售店，而其源頭正是來自瑞典的丹普（Tempur）公司。

丹普的寢具採用美國太空總署（NASA）研發的材質，在各大百貨設置體驗區，讓消費者親身體驗。

該公司在專櫃設置一個名為「體驗艙」的空間，讓顧客在裡面試睡十三分鐘，實際感受床墊與枕頭的觸感，同時並播放輕音樂，噴灑水霧來加強療癒效果，顧客也可以自行調節電動床與枕頭的軟硬度，親身體驗睡眠品質的好壞。某家設有丹普專櫃且提供這種體驗的百貨公司，一個月的業績曾突破兩千萬日圓。

## 高價商品首重「物超所值」

僅僅十三分鐘的體驗，其實無法讓消費者真正確認睡眠品質或枕頭等寢具的好壞。然而，透過這種試用的方式，卻能讓顧客產生「感覺還不錯」的想法。當消費者覺得商品無趣時，是提不起購買慾望的；唯有在他們覺得「嗯，這個商品好像還不錯」時，才會真正下手購買。而試用則可以提升顧客對於商品喜愛的程度。其中尤以動輒要價數十萬日圓的床墊等高價商品，更需要強而有力的證據來說服消費者。此外，當顧客試用以後，就算沒買一個售價四十萬日圓的床墊，也很有可能買下一個一萬五千日圓的枕頭。他們往往會先買個價格較便宜的枕頭睡睡看，如果效果真的不錯，再來添購床墊。目前該公司雖已取消體驗艙的服務，但百貨公司的專櫃還是設有商品試用區。

## 樣品展示間提倡生活風格

此外，日本松下（Panasonic）在福岡藥院車站附近的樣品展示間，則設有廚房與餐廳的體驗區。廚房是女性烹飪的場所，也是待得最久的地方，帶有一種「個人城堡」的意味。因此對女性來說，都希望能依照自己的想法來設計並規畫專屬廚房，如流理台的高度、水槽的深淺、櫥櫃的數量或高度等，都期盼能依個人喜好設計。如能滿足女性朋友們的需求，她們做起家事來會更加愉快、順暢，也可以興致盎然地施展廚藝。其實，烹飪可以有效活化大腦，因此廚房是有助於中高齡女性保持年輕活力的空間。

以往的樣品展示間都只有展示商品，卻未提供試用。事實上，開放試用能讓消費者體驗文字說明所沒有的實體操作感，進而具體感受商品的附加價值。總的來說，樣品展示間所提供的商品體驗，最好能讓消費者覺得「啊，原來還有這麼棒的生活方式！」而且試用效果好，會直接反應在銷量上。

## 體驗行銷今後的課題

如上所述，不少企業都會設置體驗區讓顧客試用商品，但是當顧客有需要時，卻常常找不到專業的服務人員。如果讓顧客無人可諮詢，就跟一般的展示間沒有兩樣了。企業有時或許是礙於人手不足而未配置專員服務，但若有心提供商品體驗，就應該安排員工為顧客詳細介紹產品，並教顧客如何試用。再說，如果商品屬高價位的話，即使多出了體驗區的人事成本（服務人員、訓練人員等），也一定能回本。

現在請容我先岔開話題。最近越來越多店家配置諮詢專員，但事實上卻只淪為頭銜或形式而已，客人真的詢問之後，往往是一問三不知。

不少企業聘請的諮詢人員，雖然號稱「專家」，但若缺乏專業與溝通能力，無法因應各式各樣的顧客，並提供合宜的建議，就絕對無法抓住顧客的心。

# 4 誘導顧客說出使用心得

體驗區的試用時間雖不長，然重點在於能否詳細詢問顧客使用後的感想，進而激發顧客的購買意願。以下就讓我列舉幾個案例說明之。

## 以「同鄉」為號召的養老院

柳樹谷（Willow Valley）位於美國賓州人口僅六萬人的蘭開斯特鎮（Lancaster），是一個擁有三千名住戶的大型退休社區。若從賓州最大城費城（Philadelphia）開車北上的話，需時約二小時，為牛隻成群的畜牧地區，氣溫較低且冬季嚴寒。

一般而言，像退休社區這類的機構通常會設在佛羅里達或亞利桑納等氣候溫暖、舒適怡人的地方。然而，柳樹谷卻選在美國北方一個冬天酷寒且遠離市區的鄉間落腳。

即使如此，該社區二〇一三年十二月的入住率，不論是健康型或照護型都幾乎客滿。其理由在於他們採取了獨特的行銷手法——由住戶代為推銷介紹。參觀者雖然來自美國各地，但負責介紹設施的卻是實際居住在該社區的「同鄉」。比方說，從佛羅里達來參觀的客人，就由佛羅里達出身的住戶負責；加州來的客人就由一樣來自加州的住戶介紹。

## 買過的人最有說服力

決定是否簽約入住退休社區的關鍵，與其說是業務的推銷技巧，不如說是由該社區的住戶實際說出的評語，效果更好。此外，由同鄉的人親自介紹令人倍感親切，可有效地讓參觀者減輕猶豫不決的感覺。譬如說，聽到同鄉親口說出他（她）為何願意從溫暖的亞利桑納搬來柳樹谷居住，並分享實際居住的感想，可以有效增加參觀者的認同感。此外，該社區還在參觀行程的最後準備了茶會，提供了進一步諮詢的機會。

介紹到這裡，請容我先岔開話題。其實日本也有利用親切感來刺激消費的例子，比方說東京銀座的白薔薇酒吧。該店在入口處張貼一張日本地圖，並在各地標上小姐的姓名。當客人指定同故鄉的小姐時，不僅能用當地的方言暢所欲言，讓客人產生歸屬感，而且只要聊起家鄉的話題，就能馬上炒熱氣氛。對於在大都市打拚的客人而言，就會萌生不時想去白薔薇聊天、散散心的念頭。

## 口碑的重要性

專門經營高品質床墊與枕頭的愛維福（airweave），在官方網站上設有「使用感想」的留言版，讓消費者可以瀏覽其他人使用後的感想，如：「我早上起床後，腰都不會痛了。」「我每天晚上都睡得很熟呢！」「睡過一晚後，第二天肩膀的痠痛都不見了。」這類留言能有效提高商品的說服力。

此外，該公司還聘請花式溜冰選手淺田真央、跳台滑雪選手高梨沙羅與歌舞伎演員坂東玉三郎等知名人士拍攝電視廣告，打出「我的好眠盡在愛維福」的廣告詞，大力宣傳。像上述代言人那種靠身體吃飯的人都能藉由該公司產品恢復疲勞的話，必然會增加消費者購買的信心。

越來越多企業喜歡在網站上刊載消費者評語，作為宣傳的一種方式，但這種作法在主打銀髮族的網站還不多見。

## 業餘專家是最好的推銷員

蔦屋書店的代官山分店公開招募喜好閱讀的書迷來該店任職，讓他們自己選定主題並準備相關書籍，為顧客提供諮詢服務。例如和京都旅遊相關的書籍就高達一百五十本，其目的是營造一種「此處僅有」的氛圍，讓顧客知道：「光是此主題，日本全國就有這麼多本，而且只有本店可以一次購足。」

當業主能確實做到「此處僅有」時，便能給人一種值得信賴的安心感。不僅買方心滿意足，負責的專員也能因此受益，達到雙贏效果。對於原本喜歡閱讀的人來說，一旦自己站在第一線推銷書籍時，就能用更高水準的服務品質，讓顧客賓至如歸。

蔦屋該分店的其他商品區也都循同樣模式，聘請專員服務。例如DVD區安排電影專員、CD區安排音樂專員、文具區安排文具專員、旅遊櫃檯配置旅遊專員等。

這種行銷手法對於書籍、音樂、電影或旅遊等需要賣方提供專業說明的商品而言，不僅功效卓越，同時也容易建立起求知緣的人際網。這種樂趣就如同我們從前去舊書店與飽讀詩書的老闆聊天一樣，總是獲益良多。

# 5 讓顧客參與暢銷商品的開發過程

## 做出「消費者自己感興趣」的商品

能真正得到顧客百分百支持的商品，幾乎都是消費者親自參與開發的商品。現在已有越來越多企業採用這種模式，以消費者的觀點來研發商品。

其中之一就是《活力》雜誌所推出的年夜菜專題。該雜誌每年秋天便會邀請讀者參加年夜菜試吃會，聽取他們對菜色或口味的意見，作為明年企畫專題的參考。換言之，讀者在試吃會上提出的建議或想法，該雜誌都會納入參考，並依此決定年夜菜的菜色。只要試吃會的消息一在雜誌上披露，因為預約可享折扣，所以深受讀者歡迎，總會瞬間銷售一空。

參加試吃會的讀者，除了會因自己的意見被採納而高興，也會因為能對商品開發有所貢獻，產生一種滿足感或優越感而下手訂購，更會逢人四處推薦。而一起參加試吃會的讀者也會成為「年夜菜之友」，擴大交流。

## 消費者親自參與研發的功效

求知緣型商品的特徵之一是，購買的商品由於經過自己精挑細選，因此也會積極地推薦給親朋好友。除了口耳相傳之外，還會透過部落格等媒介，將商品介紹給更多人知道。只要某商品是由自己信得過的人所介紹，大家通常會願意購買。

然而，這也是推薦者自主進行的一種宣傳，並非因酬勞或謝禮之故。由於推薦者本人真心滿意該商品而做的推薦，更顯珍貴價值。

先前提過的Club Tourism就有不少旅遊行程是源自於團員的創意。該公司針對每年固定推出的熱門行程，參考前一年團員的意見之後，會在路線、住宿地點或活動上修正或稍做變更，以維持新鮮感。愛好旅遊的人大多習慣自己蒐集資料，或從親朋好友那裡取得相關資訊，因此對於旅行社而言，是極其重要的「消費者評論員」（monitor）。

## 客戶是公司最佳的研發夥伴

一旦自己的創意或點子蒙公司採用，大部分人最後都會報名參加。「這個行程可是我設計的呢！」像這樣的滿足感，會讓他們更願意告訴其他同好。

而日本生活協同組合聯合會（簡稱日本生協聯）過去最喜歡採用這種由消費者親自參與的行銷方式。日本生協聯的商品，給消費者一種安全、品質優良、價格合理的印象，因此他們的自有品牌商品都頗受市場好評。然而，近來消費者越來越聰明了，光是打出生協聯的招牌，他們也不會妄然掏錢購買。生協聯該做的是回到原點，重新恢復以往由會員參與研發的模式。

## 6 想打進銀髮市場，請先製造「工作機會」

### 外快與開銷

刺激銀髮族消費，只靠賣方努力是不夠的。如何提高買方的消費條件，也極其重要。如我在第一章所述，對於資產豐厚但實質收入不多的銀髮族而言，日常生活的開銷與每個月的所得成正比，大多數人的所得只有年金收入。而年金的金額基本上並不高，因此他們平時就養成斤斤計較的習慣，省吃儉用以求安穩過日。因此，他們若能拿到年金以外的副業收入，通常會將「外快」拿來消費。

## 高齡者的「工作場所」與「生命意義」

高齡社是日本一家人力派遣仲介公司，只接受六十歲以上的人成為會員。創辦人上田研二原本任職於東京瓦斯公司。有鑑於瓦斯用量的測量大多委由承包商或下游業者辦理，並非由東京瓦斯自行處理，因此他就創辦這家公司來承包瓦斯測量業務。目前該公司除了量瓦斯以外，還網羅一群工程師出身的專家，承辦工廠繼電器的安檢作業或庫存管理等業務。

工程師出身的人雖然工作認真且學有專精，但大多不擅言詞。幸虧該公司承包的業務都無須直接面對顧客，最適合那些習慣默默埋首於工作的人。

此外，會員大多有年金收入，因此無須全勤工作，每星期只需上兩、三天班即可。而這樣的工作天數，一個月能有十多萬日圓的進帳。這些額外收入並非老本，因此絕大部分都可用於消費，隨意支出。而高齡者大多會將這筆收入用來與朋友聚會飲酒或旅遊等休閒娛樂上。

如上所述，退休後如果能兼差工作、增加收入來源，可讓退休後的生活產生不同的變化與節奏感，對經濟與身心來說，都有莫大的益處。

我個人以為，想解決銀髮族的「三大不安」（健康、經濟與孤獨的不安），最好的方法就是讓他們寄情於工作。與退休前相較起來，他們在退休後因為有年金可領，無須再為養家活口汲汲營營，反而可以選擇自己擅長的領域，「悠哉」的工作。

## 中高年女性的機會

高齡社雖是一家以男性會員為主的人力仲介公司，但該公司也按照同樣的經營理念，創設「家事One株式會社」，主要業務為幫助小家庭處理家事。該公司仲介的人才以四十歲到六十歲的中高齡女性為主，從打掃、洗衣、整理家務、烹飪到照顧小孩等都是服務的內容。

該公司的特徵是收費便宜，遠低於其他家事服務仲介公司。在一般同業報價中，最便宜的收費每小時也需四〇〇〇日圓左右，但家事One卻打破業界行情，平日早上八點到晚上六點，每小時只收二三〇〇日圓（含稅，交通費另計，截至二〇一四年四月的資料）。

該公司之所以能夠提供如此便宜的價格，乃是因為該公司並非以獲利為主要考量。此外，該公司的會員都是沒有工作、賦閒在家的主婦，因此只要時薪比超市高一點，就會趨之若鶩。

此外，這些會員對那些委託的家庭而言，除了幫忙處理家務以外，還是經驗豐富、可以解決疑問的前輩，因而心存感激。對於委託人而言，這些會員「就像自己的媽媽」一樣，安心而可靠。這種情感也讓中高年女性會員覺得工作很有意義。

我認為不論男女，與其每天在家無所事事，倒不如出去外面與人群接觸，更能轉換心情，感受生活的節奏。而後者其實具有極大的意義。

## 工作可為人生下半場注入朝氣

先前曾提及，德島縣上勝町專營「點綴花葉」的「IRODORI」（彩），也與高齡社或家事One等人力仲介公司一樣，提供高齡者工作場所與生命意義。事實上，IRODORI是出錢的公司，而將花草、葉子予以加工的則是與該公司簽約的銀髮族。該公司的經營模式是接到訂單後，通知這些簽約戶交貨日期、樹葉種類與數量，讓他們準備出貨。

這些高齡者在簽約工作前，鎮日無所事事，每天不是找朋友喝酒，就是抱怨度日。然而，自從接下這個工作之後，大家都變得身強體健。當地是個人口僅二千二百人、已屆超高齡社會標準的偏鄉小鎮，卻不再有人臥病在床。有些老太太的年收入甚至高達一千萬日圓以上，也有人用賺來的錢幫孫兒買房子。

透過工作賺取的外快，雖然不一定全都花在自己身上，但有一大部分的支出都能讓消費者獲得自我滿足。

## 企業應有的使命

如上所述，不論是健康或經濟考量，讓自己成為工作的主人才是最合理的事情。因此，企業只要能開拓提供銀髮族工作機會的事業，就是拓展銀髮商務最有效的方法，也唯有如此才能刺激銀髮族消費。

譬如說，企業可善用超市旁的空地，從客人中招攬菜農，將他們種的蔬菜出貨給超市。這也是銀髮商務的一種，而這樣的商務模式，除了讓種菜的人多了外快，也能有助於超市在賣場空間配置上發揮創意。當顧客（買方）變成賣方時，就會千方百計地思考如何推銷自己種的菜，最後就會產生「當事人心態」。除了口耳相傳、四處宣傳，也會成為這家超市的忠實主顧，購買更多商品。

不少退休人士喜歡在家庭菜園種菜。我猜他們大豐收時，大多也只是分送給左鄰右舍。然而，如果有企業肯收購這些農作物，提供一個販售場所，就能成為一種事業。如果家庭用品的大賣場（home center）能提供上述的合作模式，那麼農夫所需的種子、肥料或家庭菜園必備的工具等，也一定會在該店採購。

位於東京銀座四丁目的三越銀座總店，頂樓占地一千坪，擁有號稱「銀座陽台」的廣大空間，除了鋪設草皮，還設有露天咖啡廳與一個小菜圃。空間如此設計的目的是要讓那些定期來照顧菜園的人，為三越百貨產生一種花灑效果（shower effect）。但我認為三越如果能多發想一些行銷創意、更積極地刺激消費的話，應可讓這個企畫更成功。

總而言之，企業如想進一步刺激銀髮族消費，銷售商品的賣方就必須主動提供自家顧客工作機會。業主在思考推銷商品之餘，也應思考如何讓購買商品的客人獲得各種「心靈報酬」，產生一種良性循環的商業模式。

結語 Epilogue

# 超高齡社會的未來，前程似錦

「高齡社會」一般給人死氣沉沉的印象。年金崩壞、醫療費高漲、長期照護地獄、孤獨死、老後難民、窮鄉僻壤、兩極化社會等，淨是「一大串」的負面詞彙。

根據聯合國的定義，高齡化率（六十五歲以上占總人口數的比例）超過二一％的國家就是「超高齡社會」。二〇一三年十月，高齡化率達二五・一％的日本，已成為名符其實的「超高齡社會」，報章媒體將這個負面話題炒得沸沸揚揚。

然而，實際推廣銀髮商務的我卻有不同的看法，日本看似是「超高齡社會」，但仍充滿著讓人感受到「前程無限美好」的瞬間。其中一個瞬間是我去參加女性專屬健身中心可爾姿舉辦一年一度活動的時候。

該活動於每年十二月的星期日舉辦。正值歲末年終的十二月，總是行程最多、最繁忙的時候，好不容易有個週末可以休息，卻要一大早去參加活動，老實說還真是有一點辛苦。

然而，當我每次驅策著疲累的身體走近會場時，總是眼前為之一亮。寬廣的會場裡滿滿都是二十歲到三十歲出頭的年輕女性，參加人數在二〇一三年已超過四五〇〇人。躬逢其盛的都是可爾姿遍布日本全國各地的員工。即便是星期天，她們卻自掏腰包參加一年一度的盛會。每每讓置身其中的我暫時忘卻日本是全世界高齡化進展最快的超高齡社會。

而聽著年輕員工在會場裡發表自己的經營甘苦談時，也往往讓我為之驚艷。

可爾姿各分店中，會員人數最高約五百名以上，而每家店平均由三名員工負責打理。員工的年齡層以二十歲到三十歲出頭為主，這群年輕女孩每天面對五十、六十與七十歲世代的歐巴桑，努力奮鬥不懈。有些分店的會員甚至年高八、九十歲。雙方之間的年齡差距簡直就像祖母與孫女一樣。

般親密。

然而，她們並沒有血緣關係，而是服務者與顧客的關係。雙方的互動不可能真如親祖孫

我記得某位員工分享了她自身的辛酸經驗。有位上了年紀的會員很討厭她，並說：「我不要妳來指導我。」她當時相當不甘心，每天以淚洗面、輾轉難眠。我想對於年輕人來說，都不希望外界以年齡來評斷他們的能力高下。然而，中高齡的長輩們對於比自己年輕的人，總免不了帶著批判眼光，認定他們只是「小毛頭」。

即便如此，那位員工選擇將不甘心轉化為教訓並虛心接受，進而想方設法地找出解決對策。不久以後的某一天，那位奶奶輩會員健身後有了一些成效，不僅瘦了下來，也變得更健康，最後破天荒頭一次對那名員工開口道謝說：「謝謝，這都是妳的功勞。」聽到這句話的當下，她心裡五味雜陳：「啊，她總算承認我是她的教練了。」而以往的辛苦也都煙消雲散。

此外，一位年僅二十七歲、卻已經營三家分店的店長，也說了一番讓我印象深刻的話。她在當店長以前是一名普通的內勤人員，但現在已懂得從經營者的角度，分享她經營店鋪的

經驗。看著這位成功的年輕女性，我不禁心生佩服。她本來可能會在一家普通公司當辦事員度過一生，不過最後當上了店長，並以不到三十歲的年齡，做得有模有樣，英姿颯爽。

每次聽到可爾姿的年輕員工分享她們的工作經驗時，我的心裡總會湧現一股暖流。因為我確實感受到這群二、三十歲的年輕員工，在面對嚴格的銀髮顧客時，如何奮鬥苦戰，又如何成長茁壯。

五十歲以上顧客對這些年輕人嚴厲地批評、責罵，但她們卻仍戰戰兢兢、毫不鬆懈地提供最好的服務，可說是絕佳的成長機會。這就是我在本書開頭說過的，「銀髮商務並非只服務銀髮族，也能嘉惠年輕人」的另一層意涵。

而且，當我身歷其境時，都不禁覺得日本超高齡社會的未來前程似錦。

「日本的未來，肯定光明而燦爛！」

如同我在拙作《無所不在的銀髮商機》的尾聲所述，日本的銀髮商務在國際間實屬開路先鋒。我個人認為，日本的經驗有助於今後其他各國邁向高齡化社會時的參考，並以先驅者的身分領導著全世界，做出貢獻。

為了讓超高齡社會變得更活潑有趣，我們都應避免負面思維，正面開朗地向前邁進。如果本書能對銀髮商務有所助益，將是我的無上榮幸。

# 致謝 Acknowledgements

謹容我在此向日本經濟新聞出版社的藤原隆通先生致上最深的謝意。在我每日奔波於工作、數度想放棄執筆的時候，多虧藤原先生耐心的鞭策與激勵。另外一併感謝負責編輯本書的關真次先生。

同時，我也想藉此機會向與筆者同在第一線、為銀髮商務奮鬥的各位企業先進，致上十二萬分的謝忱。還要感謝我的助理田中由美小姐長期幫我蒐集資料，無怨無尤地提供協助。

最後，感謝內人久美子，小犬裕真和淳，在我休假仍需執筆時，總在背後溫暖的支持我。謹將本書獻給新潟老家的家父家母、大哥大嫂，與住在神奈川的大姊。新潟的冬季素以大雪聞名且生活環境嚴峻，但家父家母永遠樂觀進取，他們從不輕言放棄的背影，是我從小最寶貴的庭訓。

村田裕之　二〇一四年六月吉日

國家圖書館出版品預行編目（CIP）資料

超高齡社會的消費行為學：掌握中高齡族群心理,洞察銀髮市場新趨勢 / 村田裕之著 ; 黃雅慧譯.
-- 初版. -- 臺北市：經濟新潮社出版：家庭傳媒城邦分公司發行, 2015.07
面； 公分. -- (經營管理 ; 125)

譯自：成功するシニアビジネスの教科書：「超高齢社会」をビジネスチャンスにする"技術"
ISBN 978-986-6031-71-7(平裝)

1.消費者行為　2.消費市場學　3.老年

496.34　　104011529